Lorenzo Pinna

# DENTRO DE LA TIERRA



EDITEX

# HIPERLIBROS DE LA CIENCIA

Una enciclopedia
dirigida por Giovanni Carrada

## VOLUMEN 7
## DENTRO DE LA TIERRA

Texto: *Lorenzo Pinna*
Ilustraciones: *Bernardo Mannucci, Luca Cascioli*
Proyecto gráfico: *Sebastiano Ranchetti*
Dirección artística y coordinación: *Sebastiano Ranchetti*
Maquetación: *Sebastiano Ranchetti, Laura Ottina*
Documentación iconográfica: *Sebastiano Ranchetti*
Revisión de textos: *Roberto Rugi*
Redacción: *Andrea Bachini, Renzo Rossi, Miria Tamburini*
Fotomecánica: *Venanzoni D.T.P.* - Firenze
Traducción: *Cálamo & Cran*


Avda. Marconi, nave 17. 28021 - Madrid
I.S.B.N. colección completa: 84-7131-920-9
I.S.B.N. volumen 7: 84-7131-927-6
Número de Código Editex colección completa: 9209
Número de Código Editex volumen 7: 9276
Impreso en Italia - Printed in Italy

DoGi

Una producción DoGi spa, Florencia

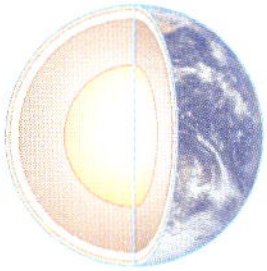

# SUMARIO

# CÓMO SE USA UN HIPERLIBRO

Un Hiperlibro de la ciencia se puede leer como se leen todos los libros, es decir, desde la primera a la última página. O también como una enciclopedia, yendo a buscar sólo el argumento que nos interesa.

Pero lo mejor es leerlo precisamente como un *Hiperlibro*. ¿Qué quiere decir esto?

La imagen, al lado del título, representa el contenido de cada epígrafe y es siempre la misma en todos los volúmenes.

La flecha grande, que entra en la página desde la izquierda, señala que el contenido está relacionado con el de la página precedente.

Las imágenes dentro de la flecha hacen referencia a los epígrafes anteriores a los que puedes recurrir para ampliar conocimientos sobre el que estás leyendo.

Bajo cada imagen se indican el número del volumen y la página a consultar.

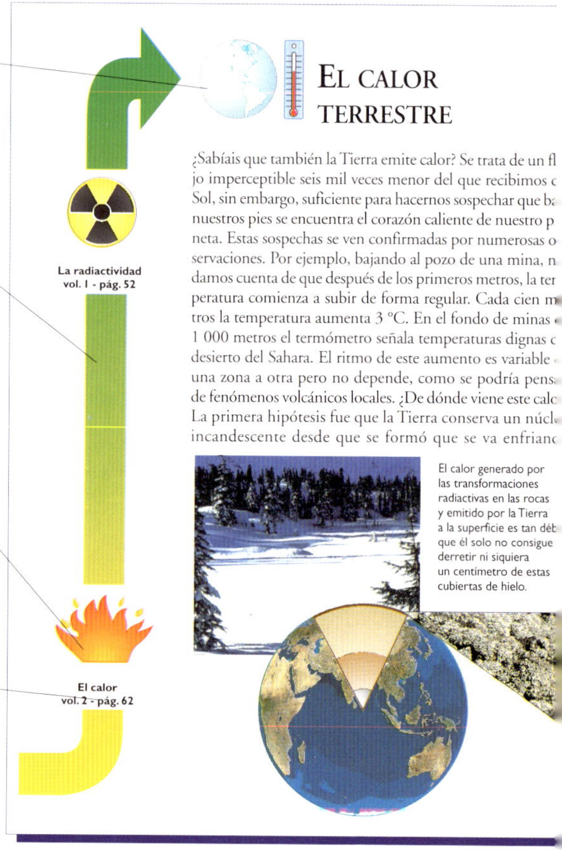


EL CALOR TERRESTRE

¿Sabíais que también la Tierra emite calor? Se trata de un fl jo imperceptible seis mil veces menor del que recibimos c Sol, sin embargo, suficiente para hacernos sospechar que ba nuestros pies se encuentra el corazón caliente de nuestro p neta. Estas sospechas se ven confirmadas por numerosas o servaciones. Por ejemplo, bajando al pozo de una mina, n damos cuenta de que después de los primeros metros, la ter peratura comienza a subir de forma regular. Cada cien m tros la temperatura aumenta 3 °C. En el fondo de minas 1 000 metros el termómetro señala temperaturas dignas c desierto del Sahara. El ritmo de este aumento es variable una zona a otra pero no depende, como se podría pens de fenómenos volcánicos locales. ¿De dónde viene este calc La primera hipótesis fue que la Tierra conserva un núcl incandescente desde que se formó que se va enfrianc

El calor generado por las transformaciones radiactivas en las rocas y emitido por la Tierra a la superficie es tan déb que él solo no consigue derretir ni siquiera un centímetro de estas cubiertas de hielo.

## Hiperlibros de la ciencia

1 La materia
2 Fuerzas y energía
3 La química
4 Luz, sonido, electricidad
5 El cosmos
6 La conquista del espacio
7 Dentro de la Tierra
8 El clima
9 Los secretos de la vida
10 Las plantas
11 El reino animal - Los invertebrados
12 El reino animal - Los vertebrados
13 El comportamiento animal
14 La ecología
15 Los océanos
16 La vida en la Tierra

En la ciencia, cada argumento está ligado a muchos otros, tal vez pertenecientes a sectores completamente diferentes pero todos importantes para comprenderlo mejor. Encontrarlos no es un problema gracias a Hiperlibros. El que quiera conocer un argumento, leerá las páginas que se refieren al mismo y, desde ahí, partirá a explorar todas las conexiones, simplemente «siguiendo las flechas».

Por lo tanto, se puede abrir un Hiperlibro en cualquier página y, a partir de esta, navegar en el mundo de la ciencia dejándose guiar por las remisiones ilustradas, siguiendo nuestras búsquedas o la curiosidad del momento.

---

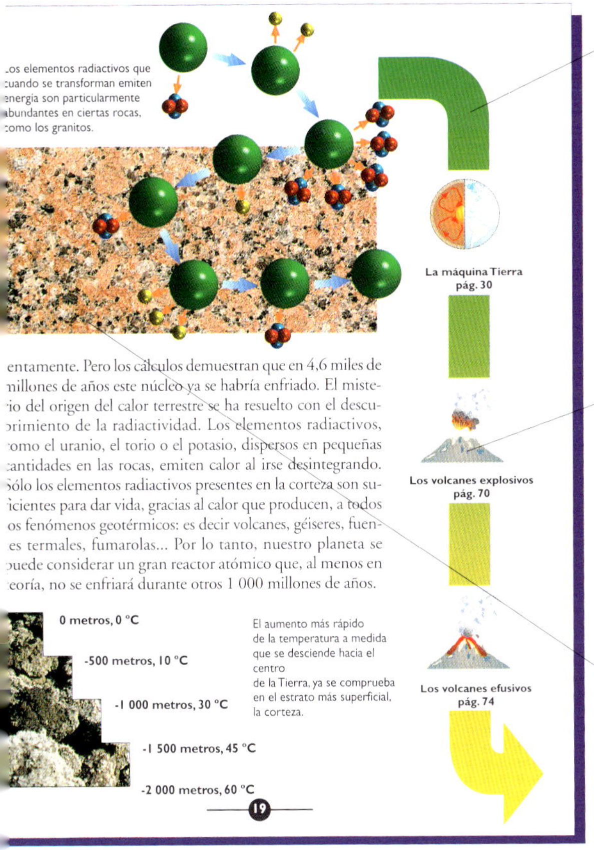

-os elementos radiactivos que cuando se transforman emiten energía son particularmente abundantes en ciertas rocas, como los granitos.

entamente. Pero los cálculos demuestran que en 4,6 miles de nillones de años este núcleo ya se habría enfriado. El miste-io del origen del calor terrestre se ha resuelto con el descu-orimiento de la radiactividad. Los elementos radiactivos, como el uranio, el torio o el potasio, dispersos en pequeñas cantidades en las rocas, emiten calor al irse desintegrando. Sólo los elementos radiactivos presentes en la corteza son su-icientes para dar vida, gracias al calor que producen, a todos os fenómenos geotérmicos: es decir volcanes, géiseres, fuen-es termales, fumarolas... Por lo tanto, nuestro planeta se puede considerar un gran reactor atómico que, al menos en eoría, no se enfriará durante otros 1 000 millones de años.

0 metros, 0 °C

-500 metros, 10 °C

-1 000 metros, 30 °C

-1 500 metros, 45 °C

-2 000 metros, 60 °C

El aumento más rápido de la temperatura a medida que se desciende hacia el centro de la Tierra, ya se comprueba en el estrato más superficial, la corteza.

La máquina Tierra pág. 30

Los volcanes explosivos pág. 70

Los volcanes efusivos pág. 74

19

La flecha grande que sale de la página desde la derecha indica que el argumento de la página está ligado estrechamente a los de las páginas sucesivas, las cuales lo completan o lo desarrollan, o que continúan la evolución del volumen.

Las imágenes en el interior de la flecha indican las remisiones a los argumentos que pueden leerse después del de la página, para profundizar en él o explorar sus consecuencias.

El rico y puntual conjunto iconográfico y las leyendas completan y ejemplifican el desarrollo del argumento.

---

**17 La evolución del hombre**
**18 El cuerpo humano**
**19 El mundo del ordenador**
**20 *Historia de la ciencia y de la tecnología* - De la Prehistoria al Renacimiento**
**21 *Historia de la ciencia y de la tecnología* - La Revolución Científica**
**22 *Historia de la ciencia y de la tecnología* - El Siglo de las Luces**
**23 *Historia de la ciencia y de la tecnología* - El siglo de la industria**
**24 *Historia de la ciencia y de la tecnología* - El siglo de la ciencia**

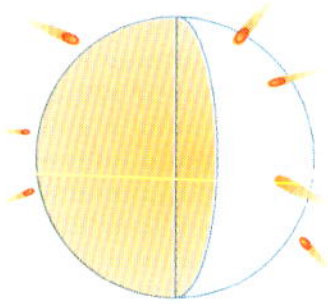

# EL ORIGEN DE LA TIERRA

**El origen del Sistema Solar vol. 5 - pág. 20**

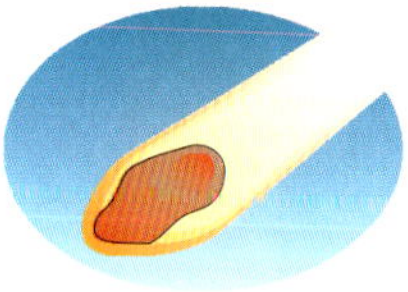

**Los meteoritos vol. 5 - pág. 44**

La historia de nuestro planeta tuvo su origen hace cerca de 5 mil millones de años a partir de una gigantesca nube de materia interestelar compuesta por gas y polvo, tal vez restos de la inimaginable explosión de una supernova. En la nube, por causas que aún están sin aclarar, se formaron grumos de materia muy densa, que los astrónomos llaman planetoides. A causa de la gravedad, estos núcleos comenzaron a atraer, como potentes aspiradores, nueva materia y se hicieron cada vez más grandes. De este modo nacieron el Sol y los planetas. En el sistema solar que acababa de nacer, junto a los planetas volaban también muchísimos planetoides de tamaño similar al de los asteroides actuales, tamaño que oscila entre diez y varios cientos de kilómetros de diámetro. Funcionando como escobas cósmicas, los planetas barrieron buena parte de estos detritos y los atrajeron sobre su propia superficie. Un verdadero bombardeo de asteroides y meteoritos golpeó los planetas, con lo que su masa aumentó aún más. Las huellas de aquella intensa lluvia se pueden ver aún en Mercurio, Marte o nuestra Luna, que no han cambiado mucho desde entonces. Los miles de cráteres que se encuentran

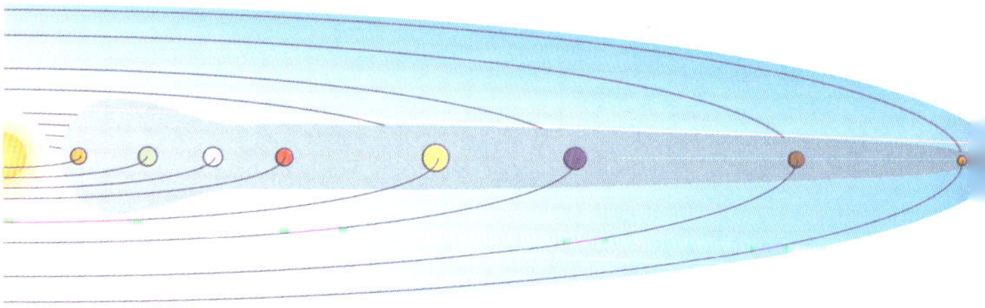

La Tierra, el tercer planeta si tomamos como referencia el Sol, se ha formado a partir de una nube de polvo y gas. Se han divisado, desde el telescopio espacial *Hubble*, discos análogos en la nebulosa de Orión y en torno a la estrella Beta Pictoris. Por lo tanto, la formación de sistemas planetarios no sería un fenómeno raro en la historia del cosmos.

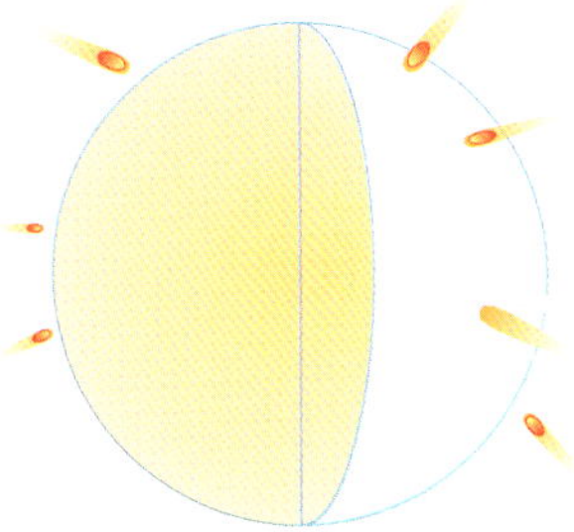

Hace aproximadamente 4 600 millones de años la Tierra era un grumo de materia incandescente sometido a un continuo bombardeo de meteoritos y asteroides.

En algún momento hace entre 3 700 y 4 500 miles de millones de años, los elementos más pesados, como el hierro, se precipitaron hacia el centro, originando el actual núcleo del planeta, y, por el contrario, aquellos más ligeros, que forman actualmente las rocas, se desplazaron hacia la superficie.

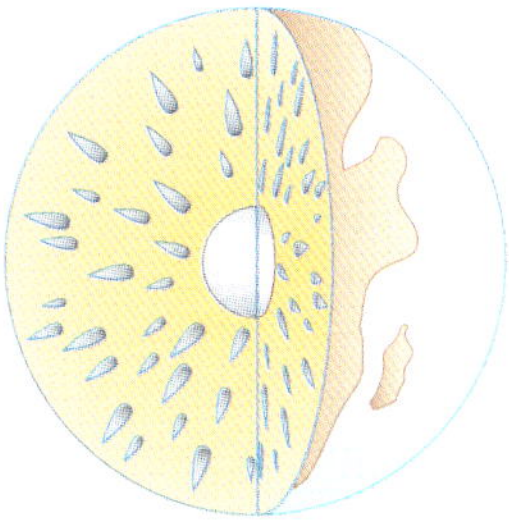

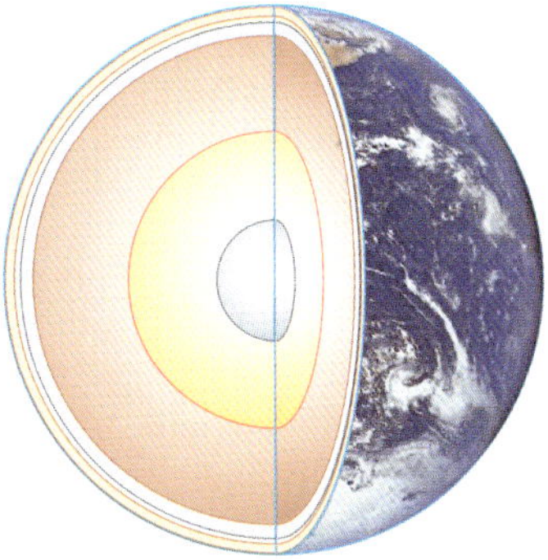

Algunos centenares de millones de años más tarde, la Tierra, ya fría, mostraba su estructura interna actual: en el centro un núcleo sólido envuelto por un estrato líquido; el manto (compuesto por un magma semisólido) y finalmente la litosfera.

en su corteza son las cicatrices que han quedado de aquel dramático período. En aquellos tiempos remotos la Tierra era sólo una bola de material incandescente, sin océanos ni continentes. El bombardeo de asteroides y meteoritos y el calor producido por los elementos radiactivos casi habían fundido nuestro planeta. En esta Tierra primitiva, aún inhabitable para cualquier ser vivo, los elementos más pesados, como el hierro, se precipitaron hacia el centro, mientras que aquellos más ligeros, como el aluminio o el silicio permanecieron en la superficie formando la corteza. De este modo la Tierra se convirtió en algo similar a lo que actualmente conocemos: un núcleo de hierro en el centro, un manto de magma elástico y una corteza rígida.

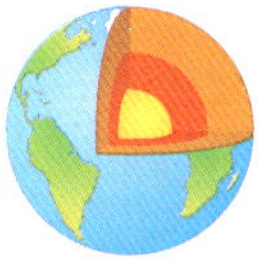

**El interior de la Tierra**
**pág. 16**

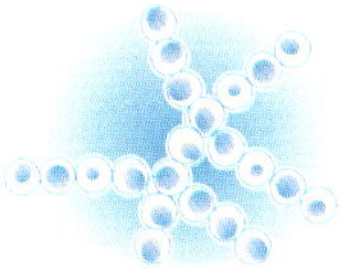

**El origen de la vida**
**vol. 16 - pág. 14**

**La teoría de la Tierra de Hutton**
**vol. 22 - pág. 72**

# EL TIEMPO GEOLÓGICO

Hace 4 600 millones de años que la Tierra gira alrededor del Sol. En este largo período se han formado los mares, ha surgido y se ha desarrollado la vida, los continentes se han desplazado, las montañas se han elevado y se han visto erosionadas, la atmósfera ha cambiado su composición. Para establecer un calendario en el que situar los cambios más importantes, los científicos estudian los estratos de rocas que, en el curso de centenares de millones de años, se han depositado unos sobre otros. Estos estratos, con profundidades de incluso varios kilómetros, son como un gran libro donde se recoge información acerca de un pasado remoto.
De hecho, las rocas más antiguas que han descubierto los geólogos se remontan a hace casi 4 000 millones de años.

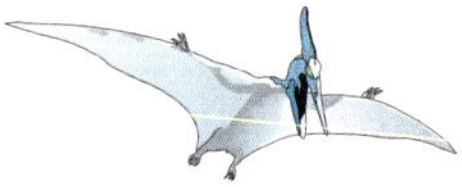



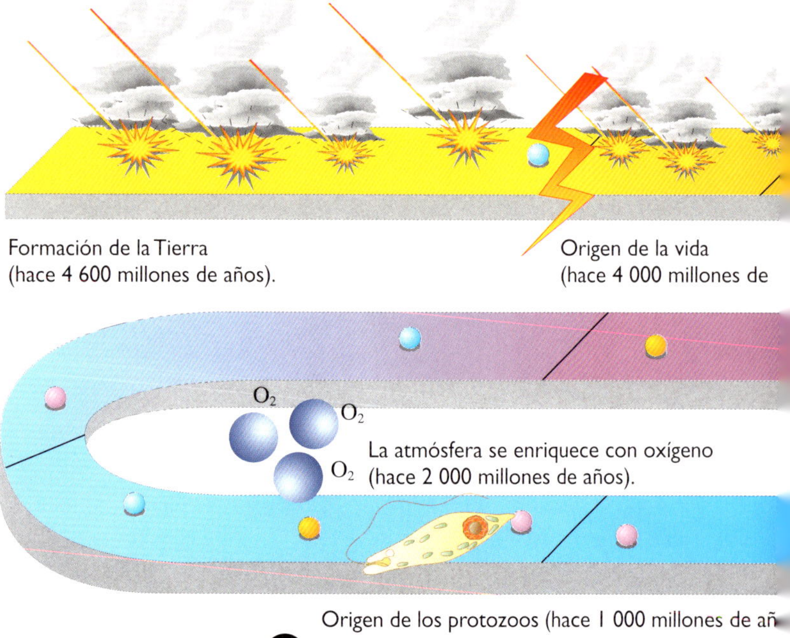

Para establecer la edad de una roca se emplean unos particulares «relojes geológicos», es decir, unos elementos radiactivos que, al cabo de cierto tiempo, se transforman en otros elementos. Midiendo la cantidad de un elemento radiactivo en relación a la del elemento en que se transforma, los científicos pueden determinar la época en que la roca se formó. Son también muy útiles los restos fósiles de animales que hoy no existen. Gracias a estos estudios los científicos han logrado reconstruir el gran puzzle de la historia terrestre.

Sin embargo el tiempo que ha sido necesario para el desarrollo de nuestro planeta es muy amplio, tan amplio que desafía nuestra capacidad para compararlo con la escala temporal que poseemos, compuesta por años y siglos.

Si pudieramos comprimir esta extraordinaria y larguísima historia en un solo año, descubriríamos que nuestra especie, el *Homo Sapiens*, ¡no aparecería en la Tierra hasta las nueve de la noche del 31 de diciembre!

Como la extensión del universo, la profundidad del tiempo geológico pone a prueba nuestra imaginación.

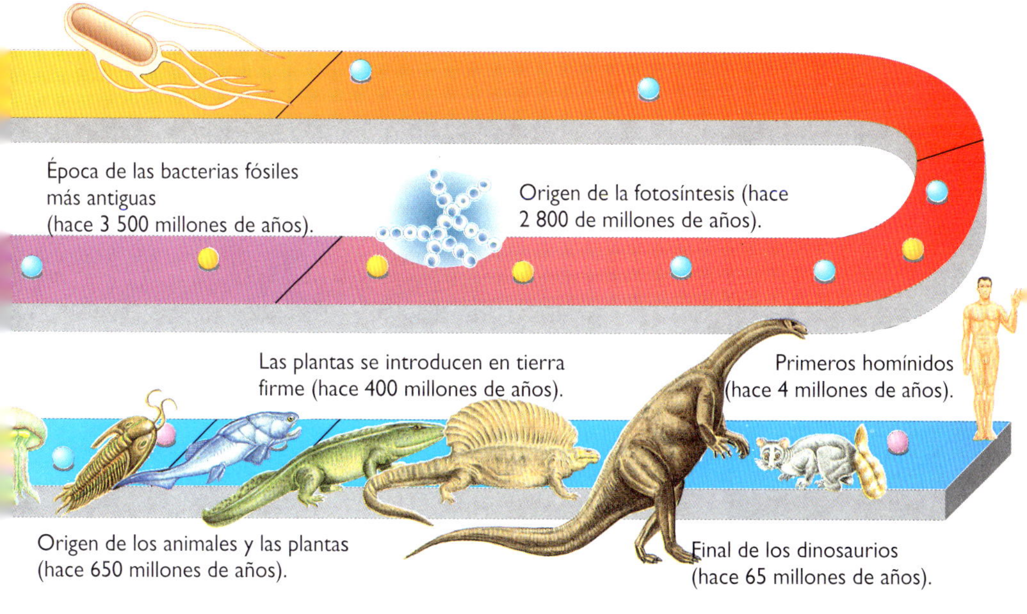

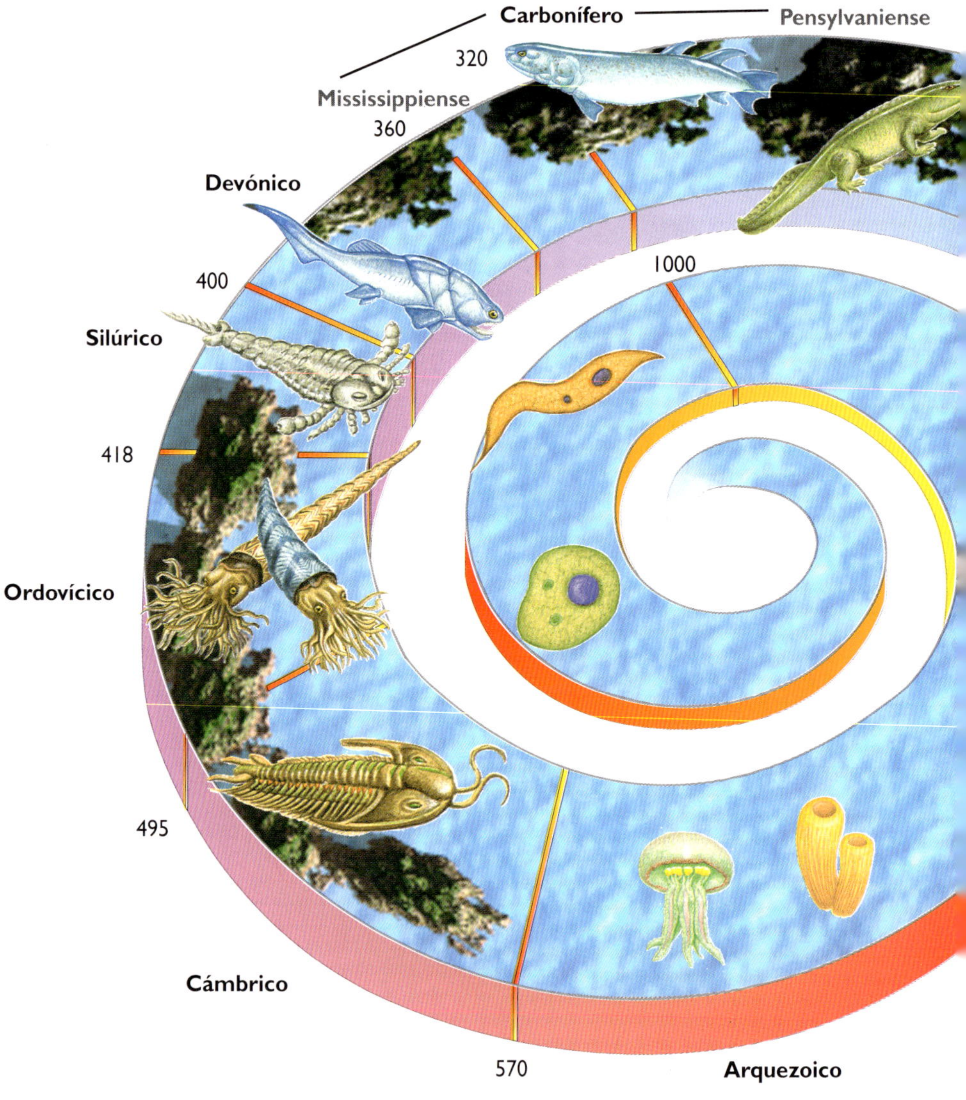


La vida, el extraordinario fenómeno, tal vez único en el Universo, al cual debemos nuestra existencia, apareció en los océanos en épocas muy tempranas: las huellas de los organismos más antiguos se remontan a hace 4 000 millones de años. Eran organismos compuestos por una sola célula, parecidos a las bacterias actuales. Hace aproximadamente 1 700 millones de años aparecieron las primeras células eucarionte, parecidas a las de las plantas y los animales. Los primeros organismos pluricelulares aparecieron hace aproximadamente 600 millones de años. Desde entonces la evolución se ha acelerado extraordinariamente con la diversificación de millones de especies capaces de vivir no sólo en los océanos, sino también en tierra firme y en los medios más diversos.

Los períodos geológicos y las fechas del comienzo y del fin de cada uno, expresadas en millones de años.

**La deriva de los continentes**
**pág. 32**

**Los climas del pasado**
**vol. 8 - pág. 86**

**Lyell y la geología moderna**
**vol. 23 - pág. 22**

# LAS DIMENSIONES DE LA TIERRA

¿Qué tamaño tiene la Tierra, qué forma posee y a qué distancia está del Sol? El ser humano ha intentado responder a estas preguntas desde la más remota antigüedad. Las respuestas han sido muy variadas. Algunos pensaban que la Tierra era un cilindro o un disco plano que estaba parado en el centro del universo, mientras que todos los demás cuerpos celestes giraban a su alrededor. En realidad es la Tierra la que gira en torno al Sol a una distancia media de 149,6 millones de kilómetros: la luz solar emplea cerca de 8 minutos en llegar hasta nosotros. Ya los griegos en la antigüedad habían descubierto que la Tierra era esférica y Eratóstenes de Cirene, en el 240 a.C., consiguió incluso medir, gracias a algunas observaciones geniales, la circunferencia de nuestro planeta: 250 000 estadios, es decir, 46 620 kilómetros. Verdaderamente, ¡no estaba nada mal para aquella época! Actualmente, gracias a que podemos estudiar la Tierra incluso desde el espacio, conocemos con mucha precisión sus medidas. La circunferencia de la Tierra, es decir, el ecuador, mide 40 076,593 kilómetros. Sin embargo, nuestro planeta no tiene la forma de una esfera perfecta. A causa de la rotación sobre su propio eje la esfera terrestre está achatada por los polos y se hincha por la zona del ecuador. Esta curiosa deformación se observa al medir el radio terrestre, que resulta ser de 6 356 kilómetros en los polos y de 6 378 en el ecuador: hay una diferencia de 22 kilómetros. La materia que compone la Tierra, es decir rocas, minerales, océanos, atmósfera y seres vivos, tiene una masa que nos podría parecer enorme: 6 600 mi-

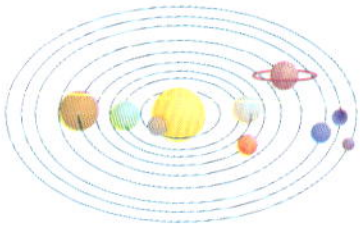

**El Sistema Solar**
**vol. 5 - pág. 16**

La Tierra se encuentra a 149,6 millones de kilómetros de distancia del Sol. A pesar de que la luz viaja a la mayor velocidad posible, emplea casi 8 minutos para realizar este trayecto.

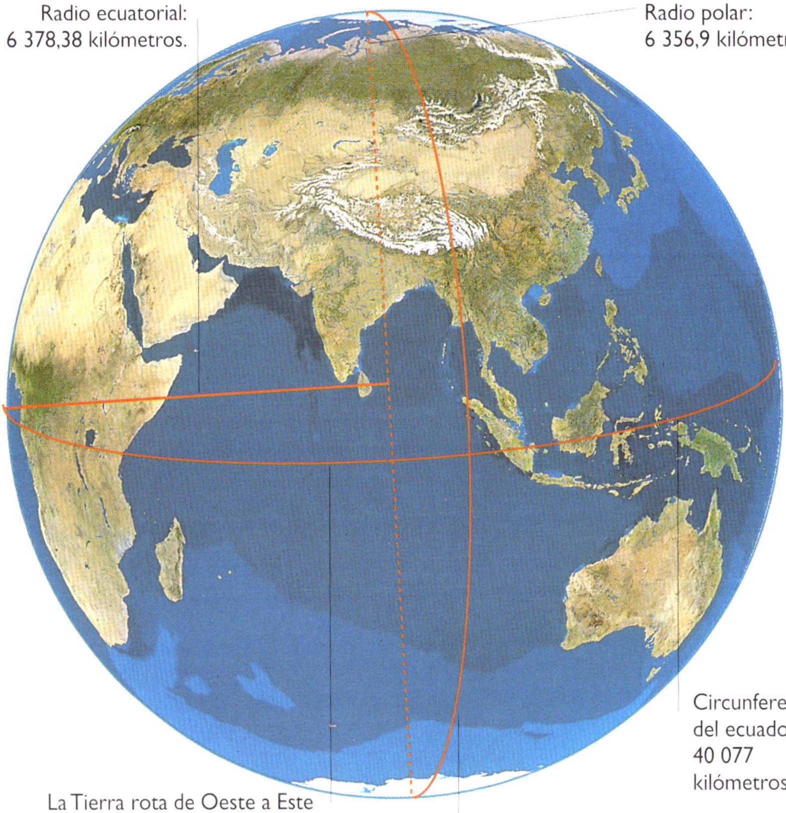

**Eratóstenes**
**vol. 20 - pág. 36**

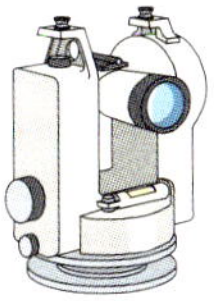

**La medición de la Tierra**
**vol. 22 - pág. 18**

les de millones de toneladas. Sin embargo, si comparamos la masa de la Tierra con la del Sol, nos damos cuenta de que, después de todo, no es tan grande. Con la materia que contiene el Sol podríamos crear incluso 333 000 planetas como la Tierra. Una vez medida la masa de nuestro planeta y calculado su volumen, podemos conocer su densidad, es decir, cuánto pesa, por término medio, un pequeño cubo de Tierra con un centímetro de lado: 5,5 gramos cada centímetro cúbico.

# El interior de la Tierra

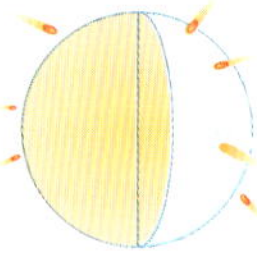

El origen de la Tierra
pág. 8

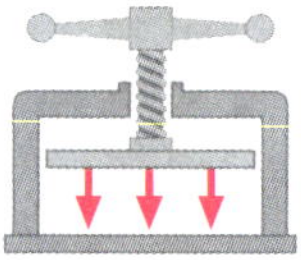

La presión
vol. 2 - pág. 52

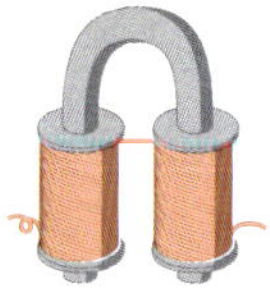

Electricidad y magnetismo
vol. 4 - pág. 76

A pesar de que el ser humano ha puesto un pie sobre la Luna y ha enviado robots automáticos a examinar otros planetas del Sistema Solar, sólo ha conseguido explorar un estrato muy fino de la corteza terrestre. Las horadaciones realizadas han alcanzado un profundidad de apenas 12 kilómetros, que es muy poco en comparación con los 6 378 del radio terrestre. Sin embargo, gracias al estudio de los terremotos y de las ondas sísmicas, el ser humano ha conseguido hacer una radiografía del misterioso interior de la Tierra y hacerse una idea bastante precisa de la misma. Imagínate un melocotón con la piel, la pulpa y el hueso: el interior de nuestro planeta tiene una estructura similar, está compuesto por diversos estratos. Justo en el centro de la Tierra está el núcleo de hierro y níquel que, a pesar de las altísimas temperaturas, cerca de 4 000 °C, se encuentra en estado sólido ya que está sometido a una presión enorme debida al peso del resto del planeta. El núcleo interno tiene un espesor de aproximadamente 1 370 kilómetros. Inmediatamente después de este «hueso» se encuentra el núcleo externo, compuesto por hierro y níquel fun-

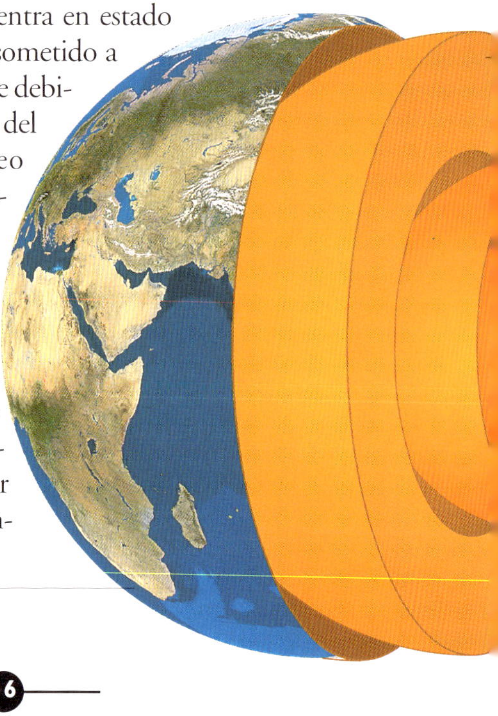

La litosfera es el fino envoltorio rocoso de la Tierra.

didos, con un espesor de aproximadamente 2 000 kilómetros. En esta zona se generan las corrientes eléctricas que dan a la Tierra su campo magnético. El núcleo externo está envuelto por un estrato llamado manto, que tiene un espesor de 2 900 kilómetros. En este, las rocas, compuestas por minerales de silicato que se encuentran a una temperatura de entre 3 000 y 2 000 °C, tienen un comportamiento elástico, constituyen un magma viscoso que se mueve muy lentamente. Finalmente llegamos a la superficie. Sobre el manto se encuentra el último estrato, la litosfera, compuesto por una parte de manto y por otra de corteza, que es una cáscara rígida que envuelve todo el interior de la Tierra. La corteza es verdaderamente fina: en el fondo oceánico tiene un espesor de apenas 5-10 kilómetros y bajo los continentes de 40-75 kilómetros.

**El magnetismo terrestre**
**pág. 20**

El manto está compuesto por rocas calientes pero casi sólidas, agitadas por corrientes muy lentas que suben y bajan continuamente.

El núcleo externo está constituido por hierro y níquel muy calientes, en estado líquido. Las corrientes de hierro líquido se comportan como si fueran una gigantesca dínamo y generan el campo magnético terrestre.

El núcleo interno permanece sólido a causa de la presión (3,6 millones de atmósferas), a pesar de encontrarse a temperaturas por encima de los 4 000 °C y, probablemente, esté constituido por un solo cristal de hierro.

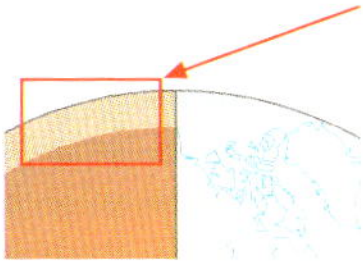

**La corteza terrestre**
**pág. 36**

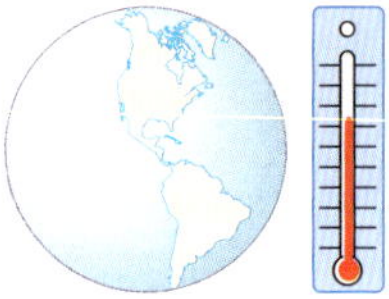

# EL CALOR TERRESTRE

**La radiactividad**
**vol. 1 - pág. 52**

**El calor**
**vol. 2 - pág. 62**

¿Sabíais que también la Tierra emite calor? Se trata de un flujo imperceptible seis mil veces menor del que recibimos del Sol, sin embargo, suficiente para hacernos sospechar que bajo nuestros pies se encuentra el corazón caliente de nuestro planeta. Estas sospechas se ven confirmadas por numerosas observaciones. Por ejemplo, bajando al pozo de una mina, nos damos cuenta de que después de los primeros metros, la temperatura comienza a subir de forma regular. Cada cien metros la temperatura aumenta 3 °C. En el fondo de minas de 1 000 metros el termómetro señala temperaturas dignas del desierto del Sahara. El ritmo de este aumento es variable de una zona a otra pero no depende, como se podría pensar, de fenómenos volcánicos locales. ¿De dónde viene este calor? La primera hipótesis fue que la Tierra conserva un núcleo incandescente desde que se formó que se va enfriando

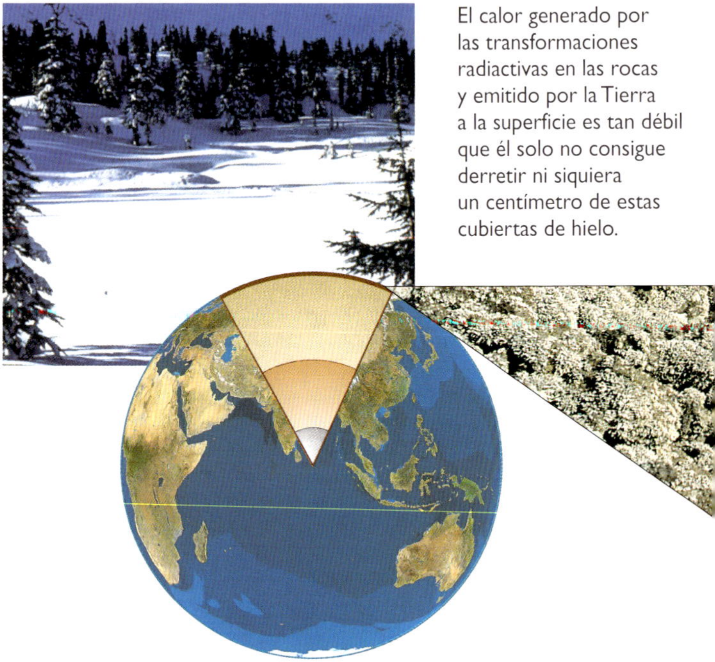

El calor generado por las transformaciones radiactivas en las rocas y emitido por la Tierra a la superficie es tan débil que él solo no consigue derretir ni siquiera un centímetro de estas cubiertas de hielo.

Los elementos radiactivos que cuando se transforman emiten energía son particularmente abundantes en ciertas rocas, como los granitos.

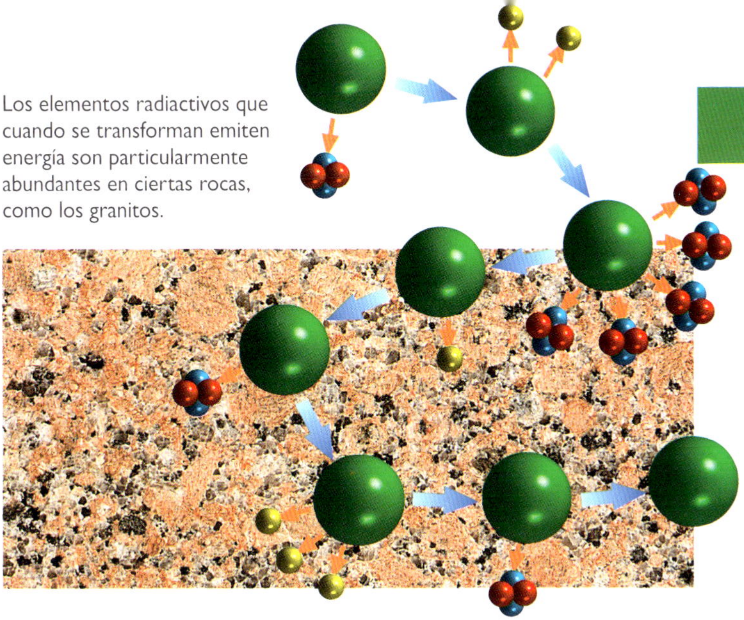

lentamente. Pero los cálculos demuestran que en 4,6 miles de millones de años este núcleo ya se habría enfriado. El misterio del origen del calor terrestre se ha resuelto con el descubrimiento de la radiactividad. Los elementos radiactivos, como el uranio, el torio o el potasio, dispersos en pequeñas cantidades en las rocas, emiten calor al irse desintegrando. Sólo los elementos radiactivos presentes en la corteza son suficientes para dar vida, gracias al calor que producen, a todos los fenómenos geotérmicos: es decir volcanes, géiseres, fuentes termales, fumarolas... Por lo tanto, nuestro planeta se puede considerar un gran reactor atómico que, al menos en teoría, no se enfriará durante otros 1 000 millones de años.

El aumento más rápido de la temperatura a medida que se desciende hacia el centro de la Tierra, ya se comprueba en el estrato más superficial, la corteza.

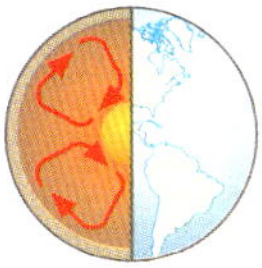

**La máquina Tierra**
**pág. 30**

**Los volcanes explosivos**
**pág. 70**

**Los volcanes efusivos**
**pág. 74**

# El magnetismo terrestre

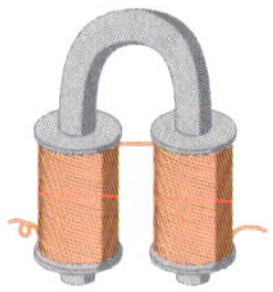

**Electricidad y magnetismo vol. 4 - pág. 76**

¿Habéis usado alguna vez una brújula? No importa hacia dónde giremos el instrumento, su aguja magnetizada siempre indica la misma dirección, esto es, el norte magnético. De hecho la Tierra actúa como un gigantesco imán que atrae ciertas sustancias, y entre estas se encuentra el hierro de nuestra aguja.

Pero, ¿dónde se encuentra este gigantesco imán? Los científicos piensan que el campo magnético terrestre se genera precisamente en el centro de la Tierra. Los movimientos del núcleo externo, constituido por hierro fundido, y del núcleo interno sólido, que según algunos investigadores rota a una velocidad diferente a la del resto de la Tierra, hacen que la parte interna de nuestro planeta funcione como una dínamo, produciendo fuertes corrientes eléctricas, a las que se asocian los campos magnéticos. La acción de este campo magnético se nota no sólo en la superficie del planeta sino también en el espacio cósmico, y nos protege del viento solar, es decir de

**El interior de la Tierra pág. 16**

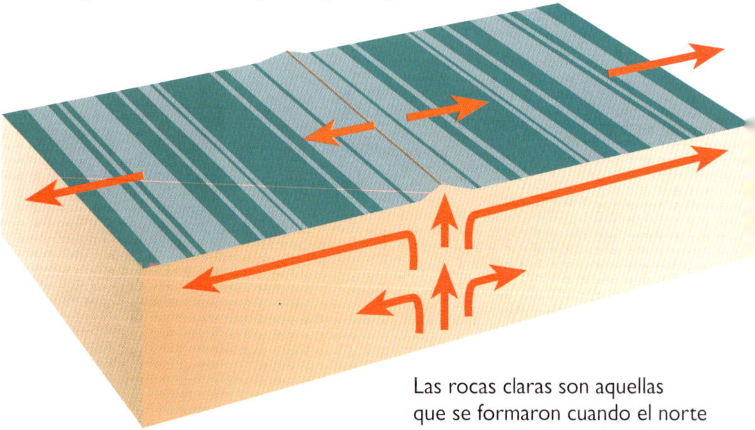

Las inversiones del campo magnético terrestre en los últimos 5 millones de años en la sección de un fondo oceánico en expansión.

Las rocas claras son aquellas que se formaron cuando el norte magnético estaba en la posición actual, las oscuras cuando el norte magnético se encontraba en el lugar del actual sur magnético, cerca del Polo Sur.

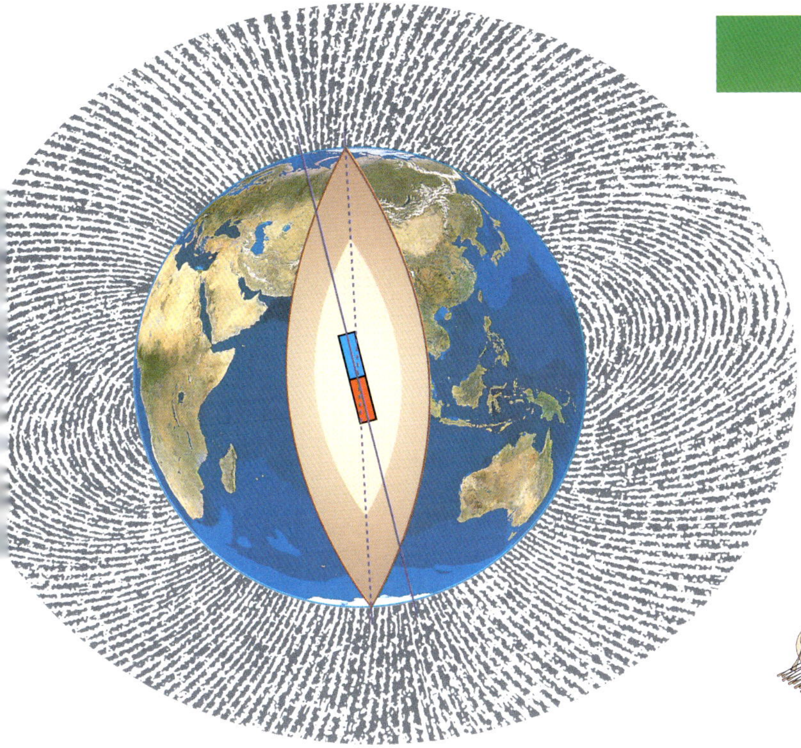

Los efectos del campo magnético, generados por el núcleo de hierro que funciona como una dínamo, se notan también en el espacio exterior a la Tierra. Si pudiéramos observar este campo, probablemente se vería así; una serie de líneas que, como una aureola, circunda el planeta. Esta zona, donde los efectos del campo magnético se pueden sentir, es la magnetosfera.

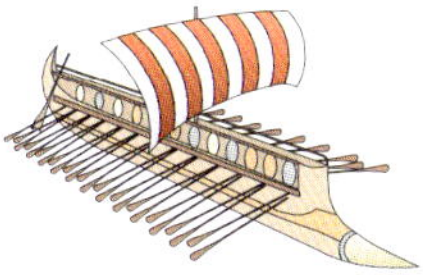

**La navegación antigua**
**vol. 20 - pág. 60**

la continua emisión de partículas atómicas por parte del Sol. La zona alrededor de la Tierra donde se puede notar la acción del campo magnético se denomina magnetosfera. El campo magnético terrestre varía continuamente, esto significa que el norte magnético no mantiene siempre la misma posición. En el pasado estos cambios fueron bruscos: el Norte ha acabado muchas veces en el lugar del Sur y viceversa. Estos extraordinarios vuelcos se han visto registrados en varios tipos de rocas. ¡Sólo en los últimos tres millones de años se han verificado más de una decena de inversiones magnéticas!

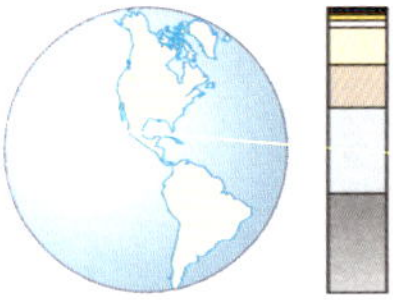

# ¿DE QUÉ ESTÁ HECHA LA TIERRA?

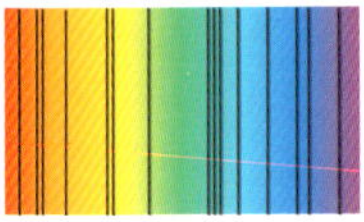

**Los ingredientes del universo vol. 1 - pág. 34**

¿Cuáles son los «ingredientes» de la Tierra? Podrá parecer sorprendente, pero sólo cuatro elementos químicos, el hierro, el oxígeno, el silicio y el magnesio, constituyen el 90 % de nuestro planeta. El hierro es el elemento más común, ya que constituye el 35 % de la masa terrestre. Pero si analizamos la composición de la fina corteza terrestre nos damos cuenta de que las cosas cambian. Aquí, el hierro, el silicio y el magnesio, y también el aluminio, continúan siendo los elementos más abundantes, pero después del oxígeno. Esta distinta distribución de los elementos en la estructura del planeta se debe al peso. Hace 4 000 millones de años, cuando nuestro planeta era todavía una esfera de materiales incandescentes, los diversos elementos se fueron agrupando arriba o abajo según su peso. El hierro, muy pesado, se hundió hacia el centro y se encuentra actualmente concentrado en el núcleo terrestre.

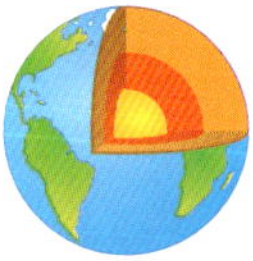

**El interior de la Tierra pág. 16**

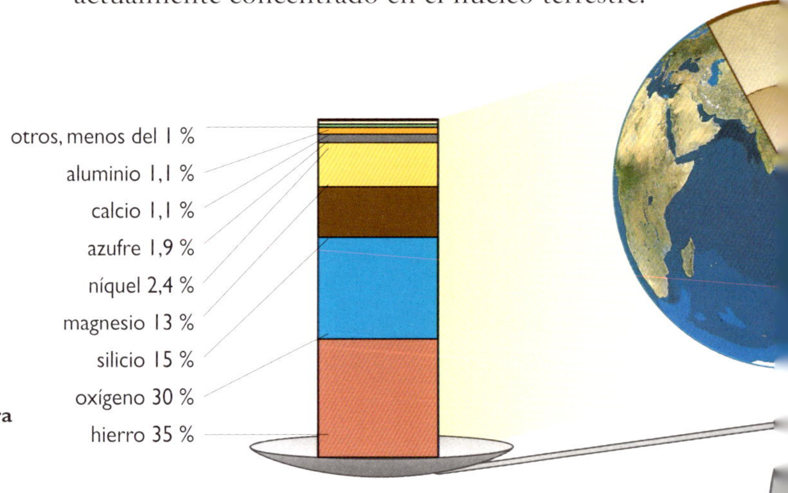


La cantidad en peso de los diversos elementos que constituyen todo el planeta. El hierro, el elemento más abundante, se concentra en el núcleo central.

Sin embargo, los elementos más ligeros, como el magnesio, el silicio, el aluminio y el calcio subieron hacia la superficie y, consecuentemente, su concentración en la corteza es mayor que la que tienen en el conjunto de la Tierra. Pero hay un pequeño misterio, sobre la corteza terrestre es difícil observar elementos puros como el magnesio, el silicio o el aluminio. ¿Dónde están escondidos si, como dicen los geólogos, son los más abundantes? Estos elementos raramente se encuentran aislados, muy a menudo están combinados químicamente con otros elementos y dan lugar a compuestos llamados minerales. Existen diversos minerales que tienen como base el silicio, el magnesio, el calcio, etc. Los distintos minerales al combinarse forman los diferentes tipos de rocas. Por lo tanto, lo que vemos más a menudo en la corteza terrestre no son ni los elementos, ni los minerales, sino las rocas.

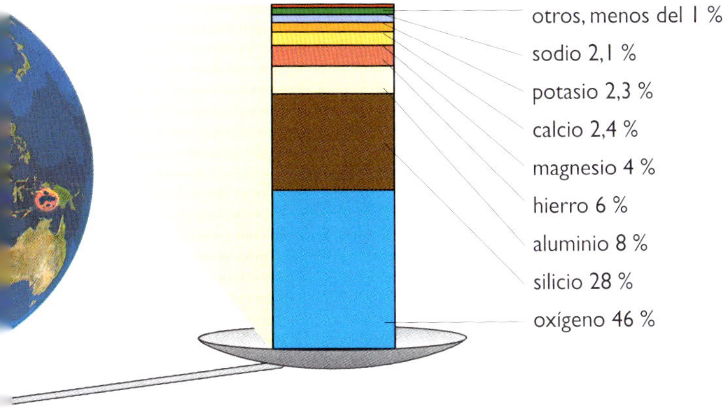


La cantidad en peso de los diversos elementos que se encuentran en la superficie terrestre. El más abundante es el oxígeno, el cual se combina con numerosos elementos.

**Las rocas sedimentarias pág. 56**

**Las rocas ígneas pág. 84**

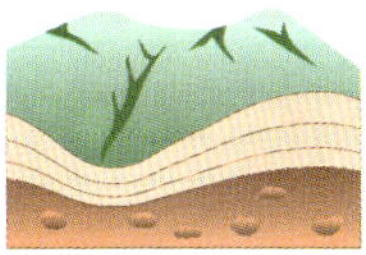

**Las rocas metamórficas pág. 86**

# LOS MINERALES

Podemos considerar los minerales como los elementos fundamentales que constituyen la Tierra, como la gran capa que cubre el suelo del mundo que nos rodea. Una vez extraídos, cortados, fundidos y pulidos, los minerales se convierten en carreteras, puentes, automóviles, edificios, ordenadores, estatuas, piedras preciosas... Pero, ¿qué son exactamente los minerales? Los químicos los definen como sustancias naturales, sólidas y cristalinas, cuya composición puede describirse mediante una fórmula precisa. Los minerales se forman mediante procesos muy variados. Por ejemplo, la evaporación del agua deja sedimentos minerales y, de este modo, surge la sal. La presión y el calor son el origen de muchos minerales. Incluso los seres vivos sintetizan y utilizan los minerales. Algunos ejemplos de esto pueden ser: el esmalte de los dientes, los huesos, las conchas marinas... Los minerales se clasifican según su composición química. Los minerales silícicos, es decir los compuestos de silicio, son los más extendidos en la superficie terrestre: el cuarzo, por ejemplo, es un compuesto de silicio y oxígeno. Los minerales no silícicos son menos frecuentes, pero tienen una notable importancia económica. A este tipo de minerales pertenecen el diamante, el oro, el platino, la galena (de la cual se extrae el plomo), la salgema, la hematites (rica en hierro), las calizas y el yeso.

Los minerales se clasifican también según las diversas estructuras cristalinas, es decir, según el orden rigurosamente geométrico en el cual están dispuestos sus átomos. Estas estructuras cristalinas son las que determinan la dureza, el brillo, la transparencia, la densidad y otras muchas características de los minerales. Las piedras preciosas también son minerales (silícicos y no silícicos) que poseen una particular belleza y que suelen ser cortadas y pulidas con el fin de aumentar su brillo.

**Los cristales**
**vol. I - pág. 78**

La barita se encuentra en las minas de plata y de plomo y en las fuentes termales.

El aragonito se encuentra a menudo en las estalactitas, las espectaculares columnas que cuelgan de los techos de las cuevas naturales.

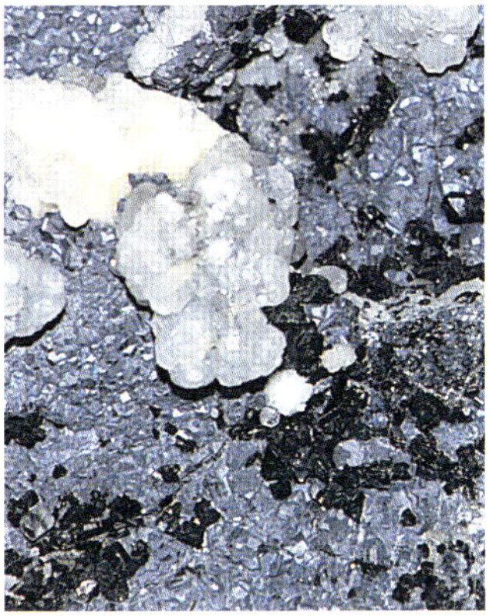

La galena, un mineral rico en plomo y en plata, era ya conocida en la antigüedad por los minerales que se podían extraer de ella.

El cuarzo, compuesto por silicio y oxígeno, es uno de los minerales más comunes en la corteza terrestre y puede ser de distintas clases.

La malaquita es un mineral que a menudo se encuentra en las minas de cobre, donde se forma precisamente por la alteración de este metal.

El ópalo es uno de los pocos minerales sin estructura cristalina y puede ser considerado como una especie de gelatina de agua y silicio debido a su sorprendente irisación.

El diamante, el mineral más duro, se caracteriza por el especial orden en el que se disponen los átomos de carbono. Los mismos átomos, con otro orden, forman el carbón.

El platino es el menos frecuente y el más caro de los tres metales preciosos, y es también el más difícil de trabajar. El punto de fusión, 1 773 °C, siempre ha supuesto un problema para los orfebres.

El topacio, una gema compuesta por un mineral de aluminio, presenta una vastísima gama de colores. Los topacios rosa, azul y verde son los más preciados.

El rubí es una de las piedras preciosas más bonitas. Las impurezas del cromo son las que le confieren al óxido de aluminio su típico color rojo.

La pirita, conocida como el oro de los ignorantes por su engañoso parecido con el metal precioso, es en realidad un mineral compuesto por azufre y hierro.

La salgema no es otra cosa que la sal de cocina común, pero formada en épocas remotas a causa de la evaporación de antiguos mares.

La esmeralda, variedad con color del berilo, debe su brillante color verde a pequeñas impurezas de cromo y vanadio. Junto al rubí y el diamante, la esmeralda es considerada una de las piedras preciosas de más valor.

Una pepita de oro, un metal considerado desde la antigüedad símbolo de riqueza. Las pepitas se forman por concentraciones de granos de oro, en el curso de ríos y torrentes. Pero el oro también se encuentra asociado a otros minerales, como el cuarzo.

El berilo, un mineral incoloro en su estado puro, presenta una gran variedad de matices cuando contiene impurezas.
Las variedades con color más famosas y preciadas son la esmeralda y la aguamarina.

El yeso es un mineral formado por calcio que se encuentra entre los más comunes: se usa en la construcción, para fertilizantes e incluso para la fabricación de algunos explosivos.

**Las rocas sedimentarias**
**pág. 56**

**Las rocas ígneas**
**pág. 84**

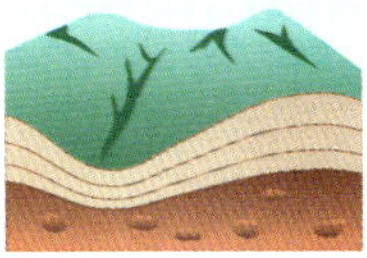

**Las rocas metamórficas**
**pág. 86**

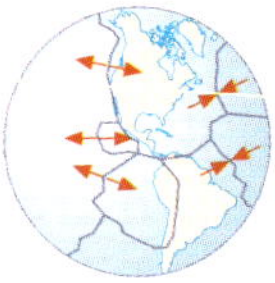

# PLACAS EN MOVIMIENTO

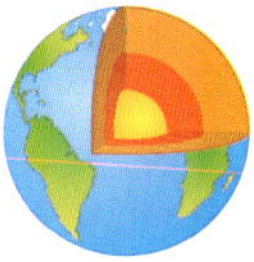

El interior de la Tierra
pág. 16

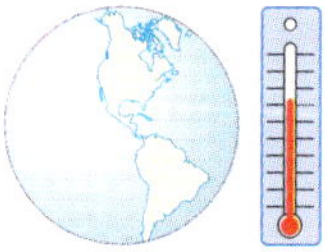

El calor terrestre
pág. 18

Uno de los descubrimientos más sorprendentes de la geología moderna lo constituye el hecho de que los continentes no ocupan posiciones fijas, sino que se mueven sobre la superficie terrestre, aunque con gran lentitud, como enormes balsas. También los fondos marinos sufren continuas transformaciones que provocan su expansión y su contracción. Todos estos extraordinarios fenómenos se explican de acuerdo con el siguiente fenómeno: la litosfera, el estrato más externo de la Tierra, está formada por un gigantesco ensamblaje de placas que cambian de forma y tamaño mientras se mueven por la superficie esférica de la Tierra. Las placas principales son siete, pero existen otras menores, todas en contacto unas con otras, tanto que el movimiento de

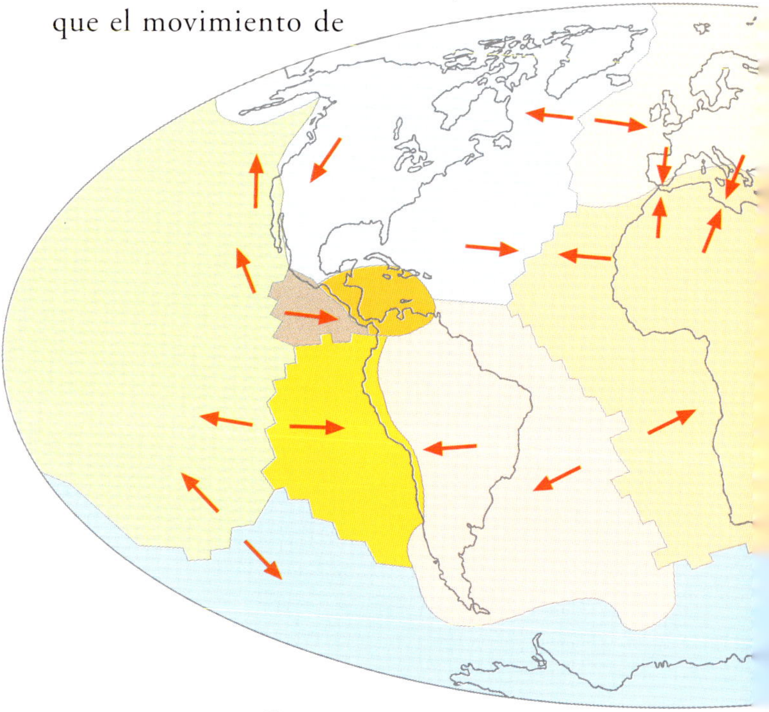

una influye en el de las demás. En los puntos de mayor fricción se pueden romper en placas más pequeñas: la región del Mediterráneo es una de las más fragmentadas y afectadas por este fenómeno. Las placas se mueven a velocidades variables. En las placas del Pacífico sudoriental se registran velocidades de incluso 18 centímetros al año, mientras que las placas norteamericana y euroasiática, separadas por la dorsal atlántica, se alejan una de la otra sólo 2-3 centímetros al año.

Estos números no deben confundirnos. Separar, aunque sólo sean 3 centímetros, dos placas a lo largo de una dorsal de 10 000 kilómetros no es una empresa fácil. La explicación de que con el tiempo nuestro planeta no aumente ni disminuya, se encuentra en que si con los desplazamientos de las placas se crea nueva litosfera en las dorsales oceánicas, sin embargo en las fosas oceánicas se destruye parte de la litosfera.

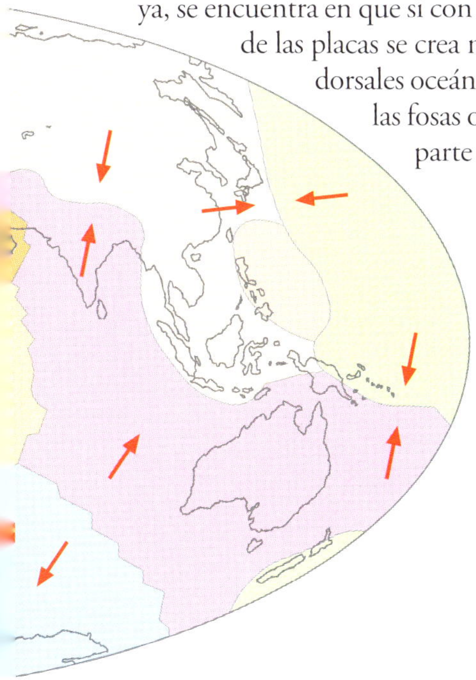

Como un gigantesco juego de ensamblaje, la litosfera se subdivide en numerosas placas que están en movimiento, con las direcciones indicadas en las flechas. Es este movimiento el que, en el curso de millones de años, hace cambiar completa y continuamente el aspecto de nuestro planeta.

¿Cómo nacen las montañas?
pág. 40

Los volcanes explosivos
pág. 70

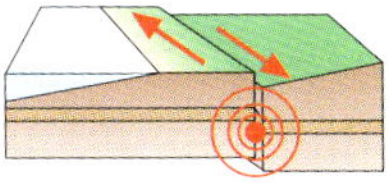

Los terremotos
pág. 88

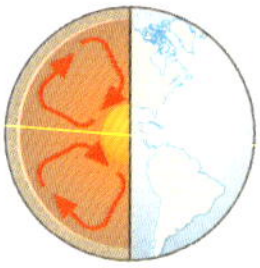

# LA MÁQUINA TIERRA

**¿Qué es la energía?**
**vol. 2 - pág. 58**

**La transmisión del calor**
**vol. 2 - pág. 70**

**El interior de la Tierra**
**pág. 16**

La posición de las tierras emergidas cambia con el tiempo a causa del continuo desplazamiento de las placas y de la construcción y destrucción de los fondos marinos. ¿Cuál es el motor que pone en movimiento estos cambios? Y ¿dónde se encuentra? Este potente motor está situado en las profundidades de la Tierra, en el estrato llamado manto. En el manto se determinan gigantescas corrientes de convección hacia arriba y hacia abajo comparables con las que se forman en el agua de una olla que está sobre fuego (estas últimas evidentemente mucho más pequeñas). El agua se calienta en el centro de la olla, la parte que recibe directamente el calor de la llama y, al calentarse, sube y alcanza la superficie.

En este punto el agua se enfría ligeramente y vuelve a bajar por las paredes de la olla, para repetir de nuevo todo el ciclo. Con cada nueva vuelta, el agua se va calentando un poco más hasta que llega a la ebullición. En el interior de la Tierra

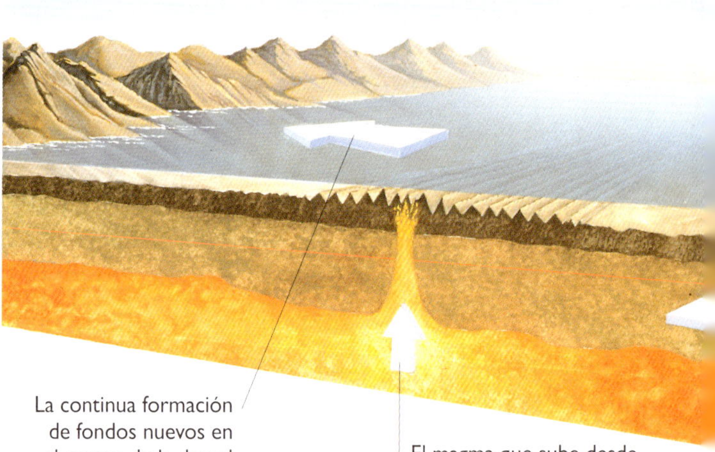

La continua formación de fondos nuevos en el centro de la dorsal oceánica empuja al resto del fondo, que se mueve hacia los continentes.

El magma que sube desde la profundidad del manto hasta el centro del océano se solidifica formando una cadena submarina, la dorsal oceánica, que separa a las dos placas.

sucede algo parecido aunque aquí lo que se mueve no es agua, sino magma, que aún sólido se comporta como un fluido muy viscoso y denso, a causa de las elevadas temperaturas y las intensas presiones. Estas grandes corrientes magmáticas empiezan a moverse por el calor producido a causa del debilitamiento de los elementos radiactivos, y se comportan como inmensas cintas transportadoras sobre las cuales se desplazan las placas, es decir, los fondos oceánicos y los continentes. Existen varias teorías sobre los movimientos del magma en el interior del manto. Según algunos científicos estos movimientos afectan a todo el manto, mientras según otros las corrientes magmáticas afectan sólo a las partes más superficiales. Existe una tercera teoría según la cual desde las regiones más profundas del manto se alzarían grandes corrientes de magma: los penachos, los cuales consiguen llegar hasta la litosfera.

El hundimiento de la placa empuja hacia arriba las rocas continentales, y así las rompe. Es precisamente en esta zona donde a menudo se forman los volcanes y se verifica la mayor parte de los terremotos.

Una vez que alcanza el borde de los continentes, constituido por rocas ligeras, el fondo oceánico se hunde debajo de estas, coincidiendo con con las denominadas «zonas de subducción». La placa que se hunde se fundirá a causa de las elevadas temperaturas del manto.

**El ciclo de las rocas**
**pág. 38**

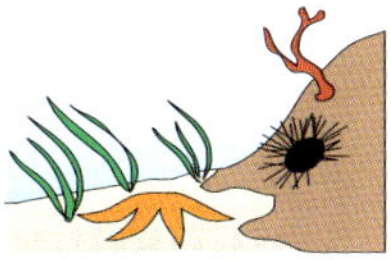

**Los fondos**
**vol. 15 - pág. 14**

**El redescubrimiento de la Tierra**
**vol. 24 - pág. 68**

# LA DERIVA DE LOS CONTINENTES

Si pudiéramos ver en 30 segundos, gracias a una moviola fantástica, el desplazamiento de los continentes en los últimos 500 millones de años nos parecería una danza de expertos bailarines. Puede parecer sorprendente que las enormes masas continentales se comporten como bailarines, pero las pruebas que así lo demuestran son ya muy numerosas. Por ejemplo, observando la costa occidental de África y la oriental de Suramérica, actualmente separadas por el océano Atlántico, se verá que encajan perfectamente. Del mismo modo que si rompemos una hoja en dos los trozos resultantes pueden volver a unirse ya que las líneas y las palabras de cada trozo se ajustan a las del otro, también las cadenas montañosas, los altiplanos, las llanuras, las rocas, etc., de un lado del Atlántico coinciden con las del lado opuesto. De hecho, antes de comenzar lentamente a alejarse, los dos continentes formaban una única masa de tierra firme.

**El tiempo geológico**
**pág. 10**

Actualmente conocemos bastante bien el baile de los continentes que ha venido ocurriendo desde hace 250 millones de años hasta hoy, es decir, desde cuando las tierras emergidas estaban reunidas en un único supercontinente llamado Pangea. En aquella época existía un único continente y un solo océano. Después Pangea comenzó a dividirse en Laurasia y Gondwana, posteriormente en fragmentos menores. Por ejemplo, de África se separaron tanto la India como la Antártida. La primera se unió al continente asiático y las consecuencias del choque son aún evidentes: la cadena del Himalaya.

Sin embargo, la Antártida, después de una larga navegación, fue a parar en el Polo Sur. Poco a poco los otros continentes se fueron situando en los lugares en los que ahora los conocemos. Pero el movimiento no ha terminado y puede que, dentro de otros 200 millones de años los continentes vuelvan a estar reunidos en un supercontinente. Según algunos

De este modo se presentaban los continentes al comienzo del período Carbonífero, hace aproximadamente 350 millones de años. Los continentes se estaban acercando unos a otros mediante una serie de colisiones que darían origen a la Pangea, el supercontinente que los reunió a todos.

Hace aproximadamente 200 millones de años, al comienzo de la era Mesozoica, todos los continentes estaban reunidos en la Pangea, que en poco tiempo comenzaría a dividirse en dos partes.

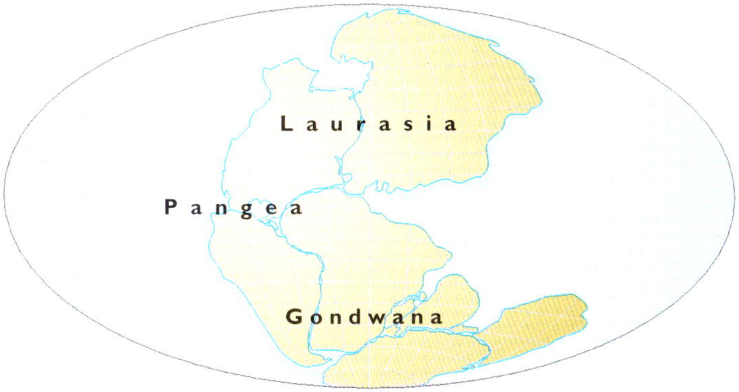


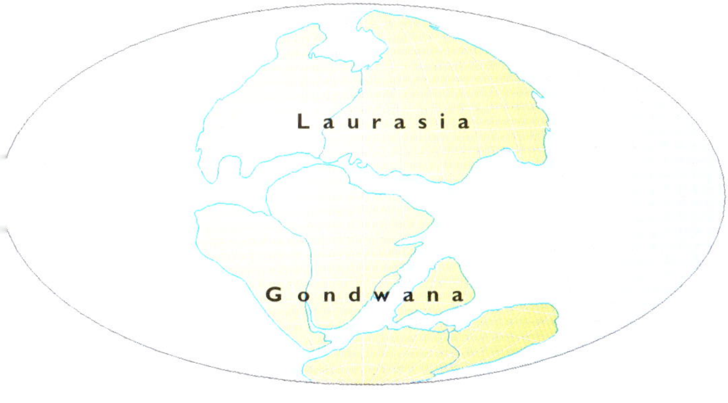


Hace alrededor de 180 millones de años, al final del Triásico, el supercontinente Pangea ya había comenzado a romperse dando origen a Gondwana (el supercontinente meridional), a Laurasia (el supercontinente septentrional) y al océano Atlántico.

científicos este ciclo de separación y reunificación de los continentes se repite cada 400-500 millones de años. Pero, los continentes se desplazan a razón de un centrímetro al año, la velocidad a la que, más o menos, crecen nuestras uñas.

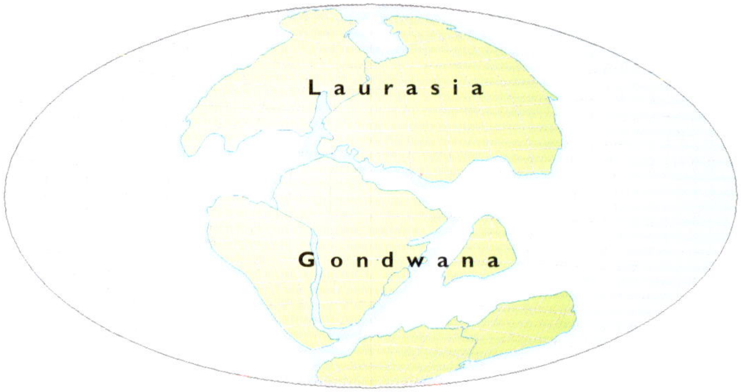


Hace aproximadamente 135 millones de años, al final del Jurásico, África y Suramérica habían comenzado a separarse. Hoy se puede ver cómo los perfiles de sus costas encajan perfectamente el uno con el otro.

La Tierra tal y como se puede ver en la actualidad.

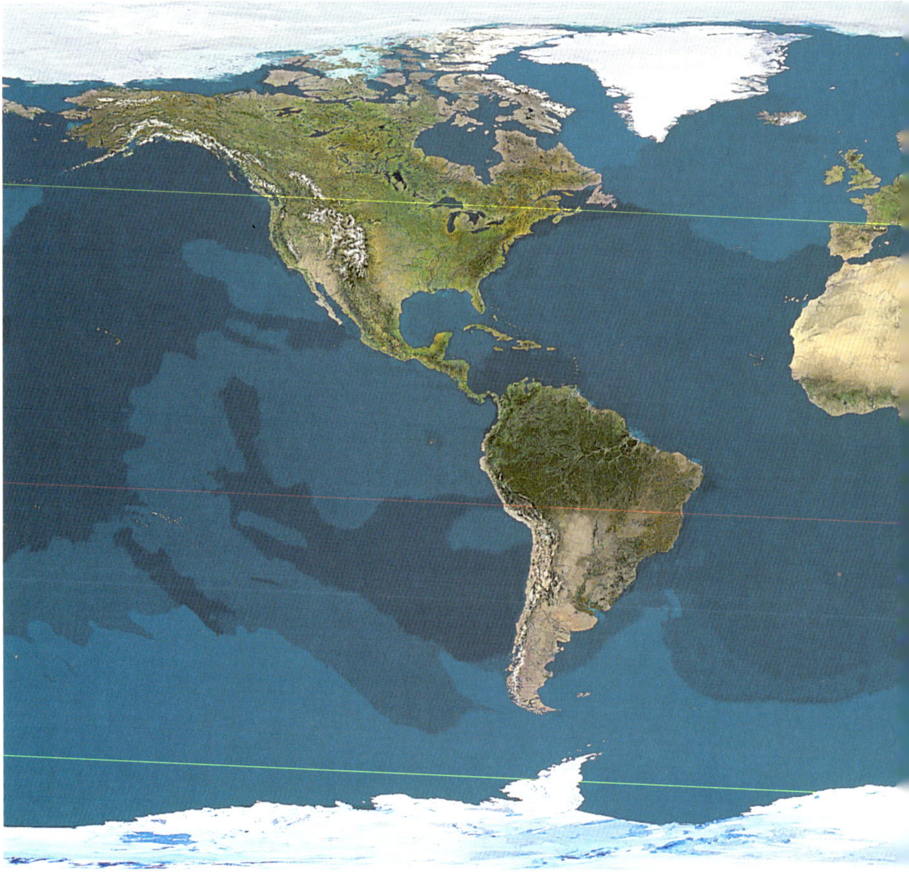

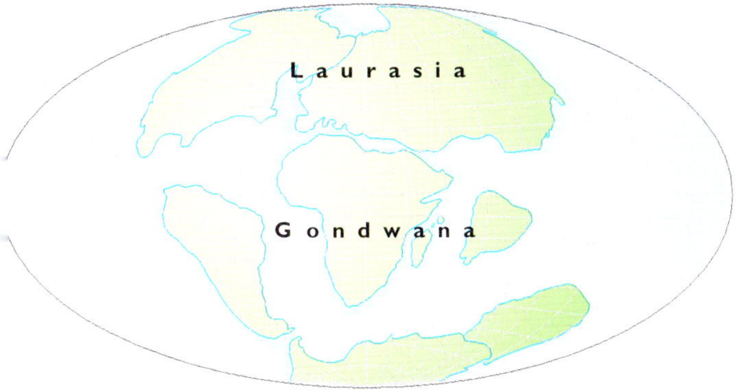


ximadamente hace 65 millones
os, al final del Cretácico, cuando
tinguieron los dinosaurios,
rma de continentes actuales
ya se podía reconocer bastante bien. Pero la India aún no se había encontrado con Asia y Australia todavía estaba unida a la Antártida.

**La geografía de la vida**
**vol. 14 - pág. 38**

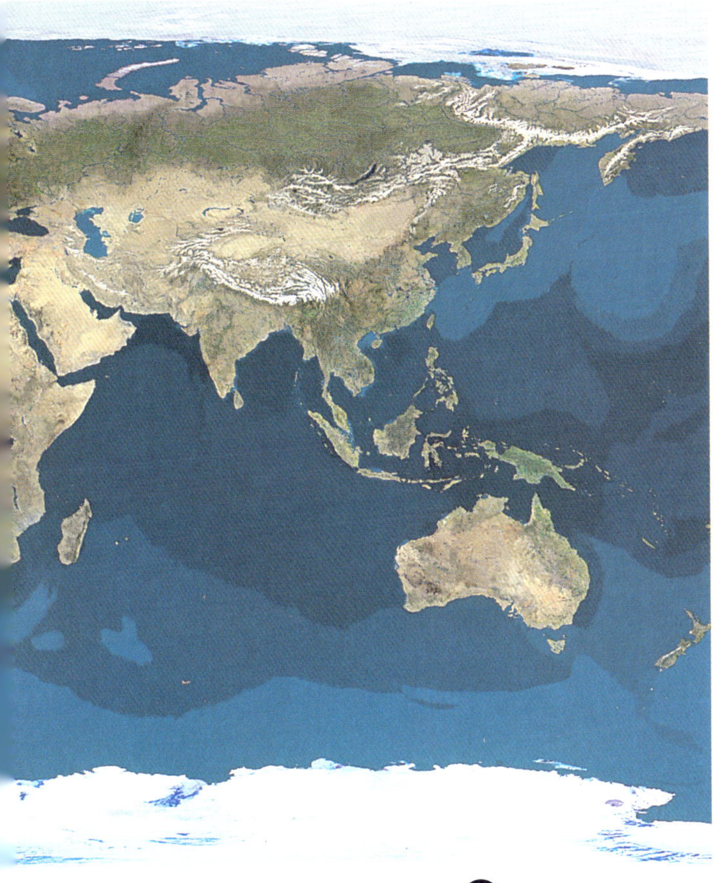

**El redescubrimiento de la Tierra**
**vol. 24 - pág. 68**

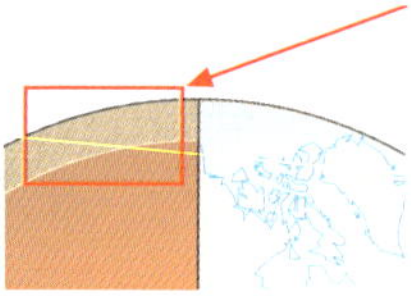

# La corteza terrestre

La corteza terrestre es el estrato más superficial de la Tierra, es decir, la cáscara sólida que envuelve el enigmático interior de nuestro planeta. La corteza junto con el estrato superior y rígido del manto, forma la litosfera. ¿Qué profundidad tiene la corteza? No podemos ofrecer una sola respuesta a esta pregunta. De hecho, existen dos tipos de corteza principalmente: la oceánica y la continental. Algunos fondos oceánicos han sido horadados y los resultados, corroborados por las investigaciones efectuadas con las ondas sísmicas, han demostrado que la corteza oceánica es muy fina, su espesor oscila entre 5 y 10 kilómetros. Su estrato más superficial, con un espesor que a menudo alcanza varios cientos de metros, está constituido por fango y sedimentos depositados a lo largo de miles de años. Se trata de material orgánico, es decir, de restos de organismos marinos y de sus esqueletos, los cuales se han ido acumulando en las llanuras abisales. Continuando la horadación se encuentra un segundo estrato, mucho más consistente que el anterior, compuesto de lava basáltica ya solidificada. Debajo del estrato de lava hay un tercer estrato, con un espesor medio de 5 kilómetros, compuesto por

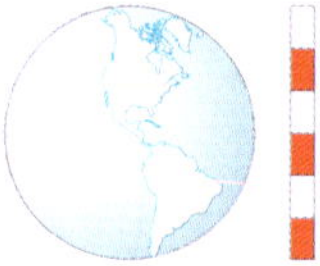


Las dimensiones de la Tierra
pág. 14


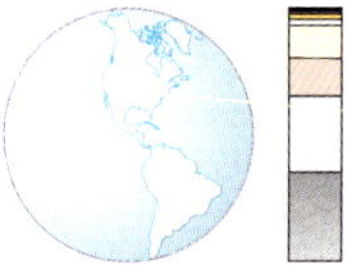


¿De qué está hecha la Tierra?
pág. 22


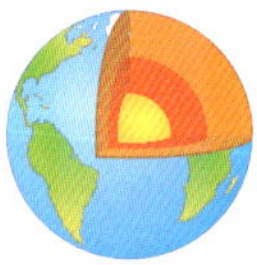


El interior de la Tierra
pág. 16


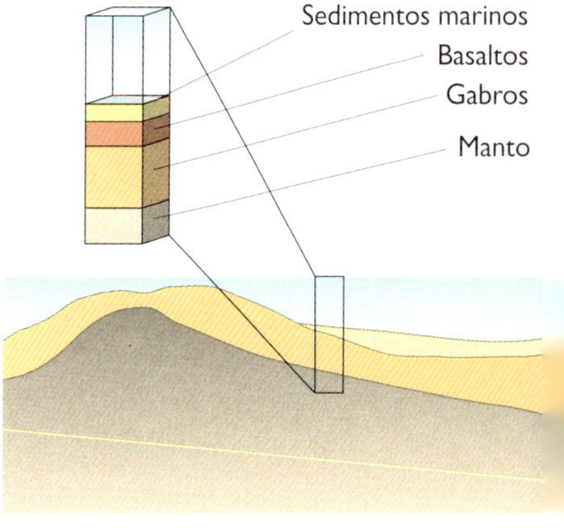


La corteza oceánica, con un espesor medio de 7 kilómetros, tiene una estructura simple. A un estrato superficial de sedimentos fangosos con una profundidad de algunos metros le sigue otro intermedio de basalto, con una profundidad media de 2 kilómetros. Al final se encuentra el estrato profundo formado de gabros y con un espesor de 5 kilómetros.

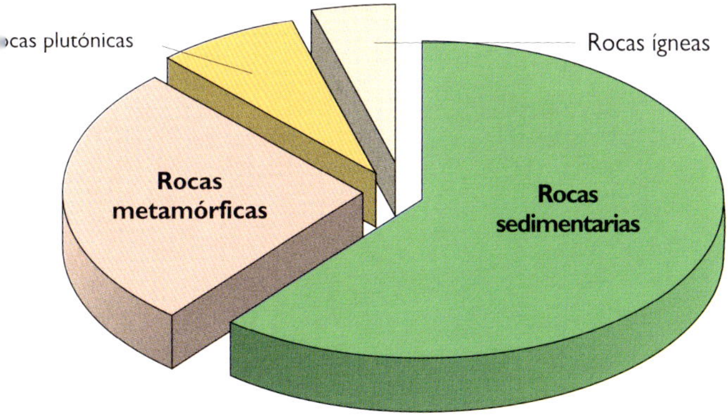


Las rocas que aparecen sobre los continentes son sedimentarias en cerca del 66 % de la superficie, metamórficas en cerca del 17 %, plutónicas en aproximadamente el 9 % e ígneas en el 8 %. Sin embargo, los sedimentos y las rocas sedimentarias constituyen sólo el 10 % del volumen total de la corteza terrestre.

gabros, es decir, rocas procedentes de lava sometida a una gran presión. Aún más abajo se encuentra una especie de frontera, llamada Discontinuidad de Mohorovic, después de la cual comienza la parte rígida del manto. Y, ¿debajo de los continentes? La estructura de la corteza es aquí más complicada y varía según las zonas. Sobre todo es más ancha (de 30 a 75 kilómetros bajo las cadenas montañosas). En la corteza continental se suceden varios estratos, en general, primero suelen aparecer lugar  rocas sedimentarias y después rocas ígneas de origen volcánico, casi siempre constituidas por granitos.

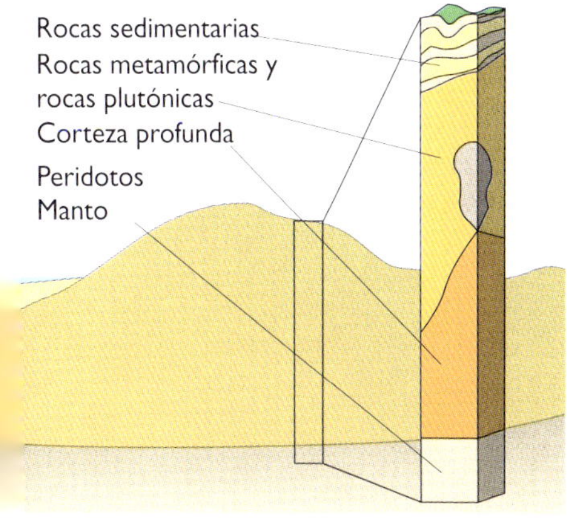


La corteza continental presenta una estructura mucho más compleja y un espesor mayor: alrededor de 35 kilómetros. A los estratos más superficiales (compuestos por rocas sedimentarias de origen más reciente) les siguen otros constituidos por rocas metamórficas y plutónicas.

**Las rocas sedimentarias Pág. 56**

**Las rocas ígneas pág. 84**

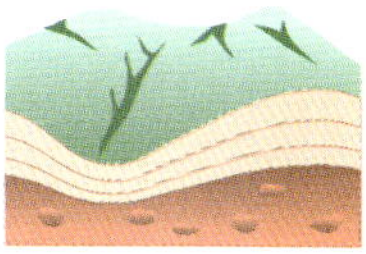

**Las rocas metamórficas pág. 86**

# EL CICLO DE LAS ROCAS

La corteza terrestre está compuesta por rocas que se reciclan continuamente a causa del calor, de la presión y de los agentes atmosféricos. Las rocas ígneas se forman en los volcanes o en las dorsales submarinas a causa de la lava fundida que se enfría y se solidifica. Las rocas sedimentarias se forman por la acumulación de fragmentos de rocas ya existentes, que se van erosionando lentamente a causa de la acción del agua, del viento y del hielo. Dentro de la corteza terrestre se pueden encontrar depósitos de estos dos tipos de rocas a una elevada temperatura y bajo fuertes presiones, los cuales de este modo originan las rocas metamórficas. En realidad, los tres tipos de rocas, ígneas, sedimentarias y metamórficas, pueden transformarse las unas en las otras con el paso del tiempo. Veamos cómo. Cojamos una roca ígnea que se acaba de formar en una erupción volcánica.

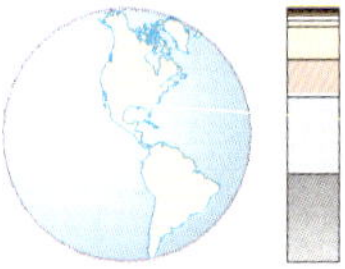

¿De qué está
hecha la Tierra?
pág. 22

Expuesta a la lluvia, al viento y a los cambios de temperatura, empieza a resquebrajarse poco a poco. Los fragmentos de la misma que ha arrastrado el agua se acumulan formando un depósito que con el transcurso de muchos milenios da origen a una masa compacta y se transforma en roca sedimentaria. Los movimientos de la corteza impulsan a esta roca hacia el interior de la Tierra, donde las temperaturas muy elevadas y la intensa presión la transforman en una roca metamórfica. De la misma forma, la roca metamórfica posteriormente puede volver a subir a la superficie y verse erosionada y transformada en roca sedimentaria. O también puede acabar en una zona más profunda del manto, fundirse por el calor, y luego volver a subir a la superficie convertida en magma de cualquier volcán para formar nuevas rocas ígneas. El ciclo se repite continuamente.

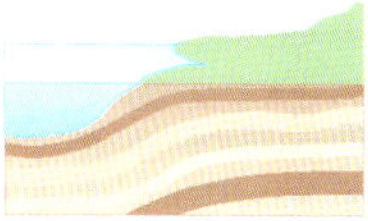

**Las rocas sedimentarias pág. 56**

**Las rocas ígneas pág. 84**

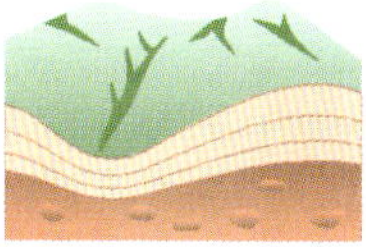

**Las rocas metamórficas pág. 86**

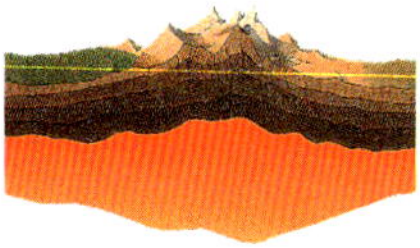

# ¿CÓMO NACEN LAS MONTAÑAS?

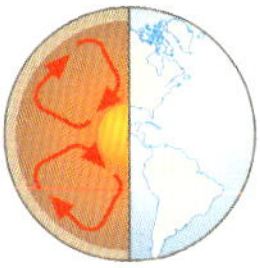

**La máquina Tierra**
**pág. 30**

Las montañas también nacen, crecen y envejecen, y lo hacen exactamente igual que un ser vivo, en períodos de tiempo mucho más largos. Por ejemplo, el Himalaya se formó hace 5 millones de años: es muy joven y no ha acabado todavía de crecer, del mismo modo que los Alpes y los Andes. En su movimiento continuo las grandes placas en las cuales está dividida la superficie terrestre pueden chocar. En ciertos casos una placa se limita a deslizarse debajo de la otra. En otros casos, sobre todo si una o ambas placas transportan continentes, es todo mucho más complicado y se forman las cadenas montañosas. Los fondos marinos de una placa a menudo se elevan, junto a posibles islas, se alzan a cotas elevadas y se transforman en cadenas montañosas. Por esta razón en los Alpes, a más de 2 000 metros de

**La deriva**
**de los continentes**
**pág. 32**

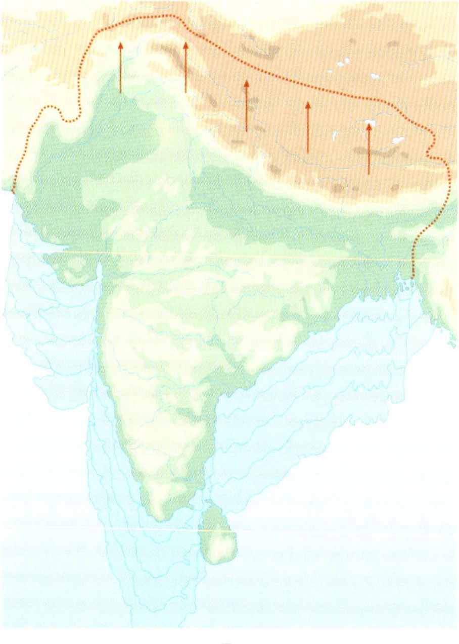

altura, se pueden encontrar conchas fósiles. Para comprender lo que ocurre basta con empujar una alfombra contra la pared y observar que se crean numerosos pliegues. Es exactamente lo que ocurre durante el nacimiento de las montañas. Los pliegues más agudos posteriormente son erosionados por la lluvia y por el viento y conforman un paisaje más ondulante y dulce típico de las montañas menos recientes. Es menos frecuente que dos placas situadas bajo un continente comiencen a alejarse. Si esto sucede, el continente se rompe en dos, a lo largo de una línea llamada falla. Esto es lo que está ocurriendo en África en el Valle del Rift. El hundimiento de los bloques rocosos más cercanos a los bordes de la falla hace que los otros bloques, más distantes, parezcan montañas.

El Himalaya es la cadena montañosa más alta de la Tierra: el monte Everest alcanza los 8 848 metros, pero también otras 13 cimas superan los 8 000 metros. El Himalaya comenzó a formarse hace aproximadamente 50 millones de años cuando el subcontinente indio chocó con Asia a la increíble velocidad de 10 cm al año, empujando hacia lo alto los estratos rocosos que se había encontrado.

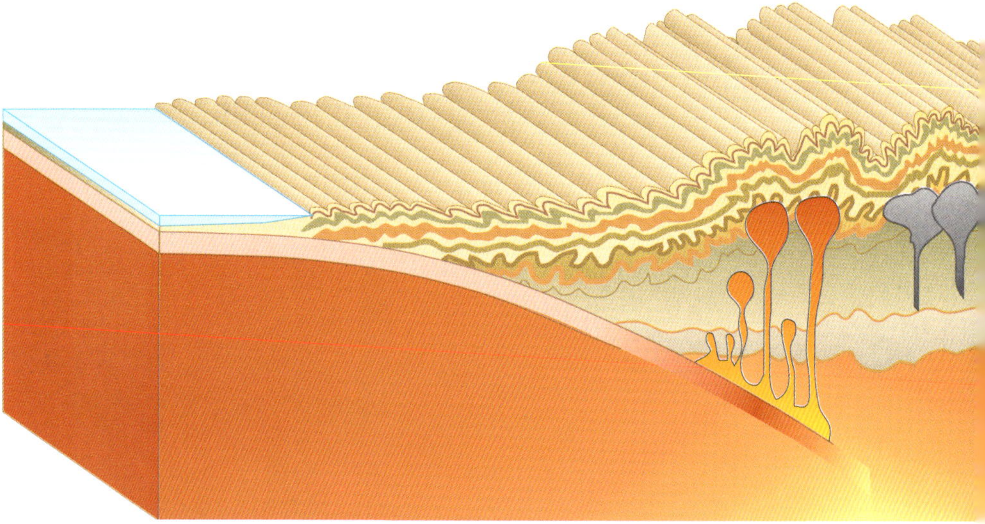

Las montañas se forman en las zonas de subducción, donde dos planchas litosféricas chocan y hacen que se eleve la superficie. El diseño ilustra los pliegues que se forman en los estratos comprimidos. Pero, en realidad, muchos pliegues se rompen dando lugar a los perfiles agudos característicos de las montañas jóvenes.

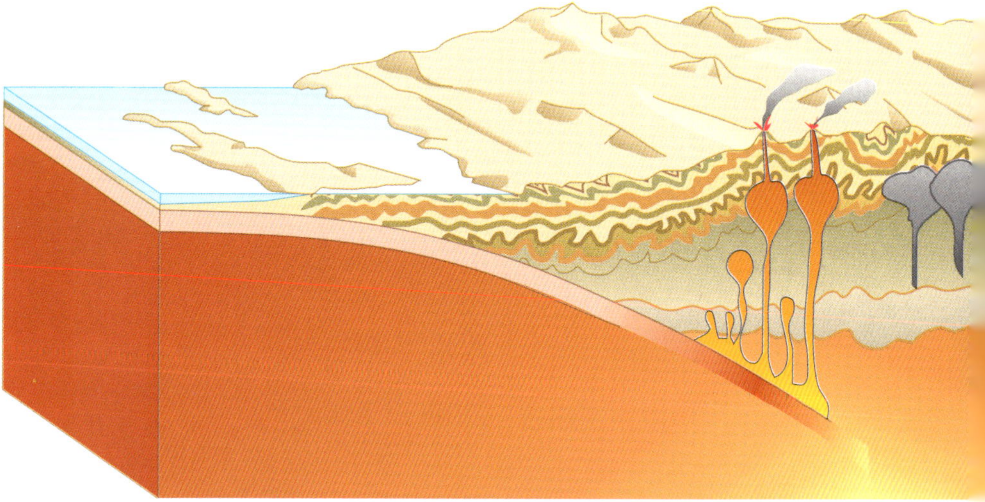

Con el tiempo, los agentes atmosféricos suavizan los perfiles más agudos y los detritos cubren los espacios entre un pliegue y otro, hasta que sobre la superficie ya no queda rastro de los procesos que originaron las montañas. Mientras tanto la placa hundida se funde en las profundidades de la Tierra y puede originar un magma que, volviendo a subir, cree imponentes fenómenos volcánicos.

Las montañas
vol. 14 - pág. 74

Lyell y la geología
moderna
vol. 23 - pág. 22

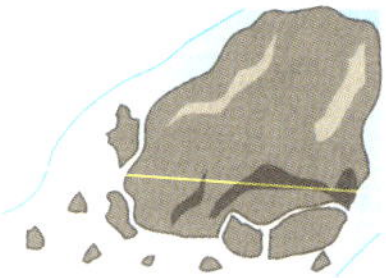

# LA EROSIÓN

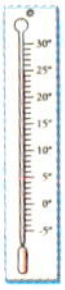

**La temperatura del aire**
**vol. 8 - pág. 20**



**La lluvia**
**vol. 8 - pág. 52**

**Los vientos**
**vol. 8 - pág. 30**

La Tierra cambia de aspecto continuamente, no sólo porque los continentes se desplacen creando nuevas montañas y nuevos mares, sino también porque su superficie se remodela a causa de un potente fenómeno natural: la erosión.

La erosión, capaz de reducir a polvo imponentes cadenas montañosas, tiene dos causas principalmente: las causas físicas y las causas químicas. El viento, la lluvia, los cambios de temperaturas y la fuerza de la gravedad son agentes físicos de la erosión. La acidez de la lluvia, capaz de corroer las rocas, es un agente químico. En los desiertos es el viento el principal agente de la erosión. El viento transporta diminutos granos de arena que golpean incesantemente las rocas, resquebrajándolas lentamente y reduciéndolas a su vez a arena. El agua es otro agente potente. La lluvia al chocar con las rocas y los suelos arrastra las partículas que no están bien pegadas al cuerpo principal. Cuando discurre por los torrentes, especialmente en los tractos de pendiente más escarpada, el agua excava los lechos de los ríos y debilita los flancos de

las montañas. El hecho de que las rocas se dilaten de día, con el calor del sol, y se contraigan con el frío de las horas nocturnas, aumenta su fragilidad y vulnerabilidad ante otros agentes, como la lluvia, el viento o la gravedad. También el hielo, que penetra en las fisuras de la roca, tiende a abrirla como una cuña. Los glaciares por otro lado son masas enormes que lentamente van, aguas abajo, consumiendo, como una enorme lija, el lecho rocoso por el cual se deslizan. Rocas aparentemente muy duras como el granito y resistentes a la erosión física, se presentan vulnerables a la erosión química. De hecho, la acidez de las lluvias disuelve uno de sus componentes, el feldespato, y provoca su desintegración.

Una montaña joven, cuyo perfil agudo aún no ha sido suavizado por la erosión de los agentes atmosféricos.

En la otra página, el perfil suave de una montaña más vieja, sobre la cual la erosión de los agentes atmosféricos ha podido actuar durante mucho tiempo.

Paisaje de erosión en el Monumento Nacional de Cedar Breaks, en Estados Unidos.

Erosión fluvial en un valle alpino. Los valles excavados por las aguas se distinguen por un característico perfil en V.

En la mitad de la siguiente página, un tafoni en la Baja California, en Méjico. Los tafonis son espléndidas esculturas de piedra creadas por la erosión del viento.

En la siguiente página, abajo, olas marinas que rompen contra una costa rocosa. Las olas son el principal agente erosivo que modela el aspecto de las costas.

Al lado, pedregal en el Marruecos meridional. Inmensas llanuras de pedregales son el resultado de la rápida erosión de las montañas del desierto, las cuales no están protegidas por el suelo y la vegetación.

**El suelo**
**pág. 54**

**Las rocas sedimentarias**
**pág. 56**

**Lyell y la geología moderna**
**vol. 23 - pág. 22**

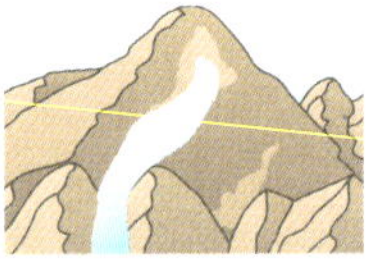

# Los glaciares

La temperatura
del aire
vol. 8 - pág. 20

La nieve
vol. 8. - pág. 58

Los glaciares cubren el 10 % de las tierras emergidas y están concentrados en las regiones del Polo Norte y del Polo Sur del planeta: principalmente en la Antártida y en Groenlandia. Sólo el 2 % de todos los glaciares terrestres se encuentra en las montañas, donde forma miles de pequeños glaciares. Estos glaciares, que nacen en cotas donde el calor del Sol no logra derretir la nieve, y donde por lo tanto se acumula, se deslizan a cámara lenta aguas abajo como inmensos ríos. A decir verdad, parece que estuvieran parados, pero basta subir a uno para advertir señales de vida: borboteo y caídas de agua, desprendimiento de piedras, chirridos debidos al hielo que resbala sobre la roca... ¿A qué velocidad se desliza un glaciar? Algunos pueden llegar a alcanzar 2 metros por hora, mientras que otros se desplazan sólo algún milímetro. El glaciar se desliza sobre un sutil estrato de agua que lo separa del lecho de rocas y, como un lubricante, facilita su movimiento. La velocidad de un glaciar no es uniforme. En el centro es mayor, mientras que a los lados, a causa del roce con las paredes, es menor. Cambios imprevistos de velocidad hacen que se abran en el glaciar las quebradas, famosas por su peligrosidad. El movimiento de un glaciar erosiona el valle por el que se desliza, dejando en él la típica forma en U. Al descender, el frente del glaciar empuja delante de él un cúmulo de detritos: rocas, cantos rodados, tierra suelta, etc.

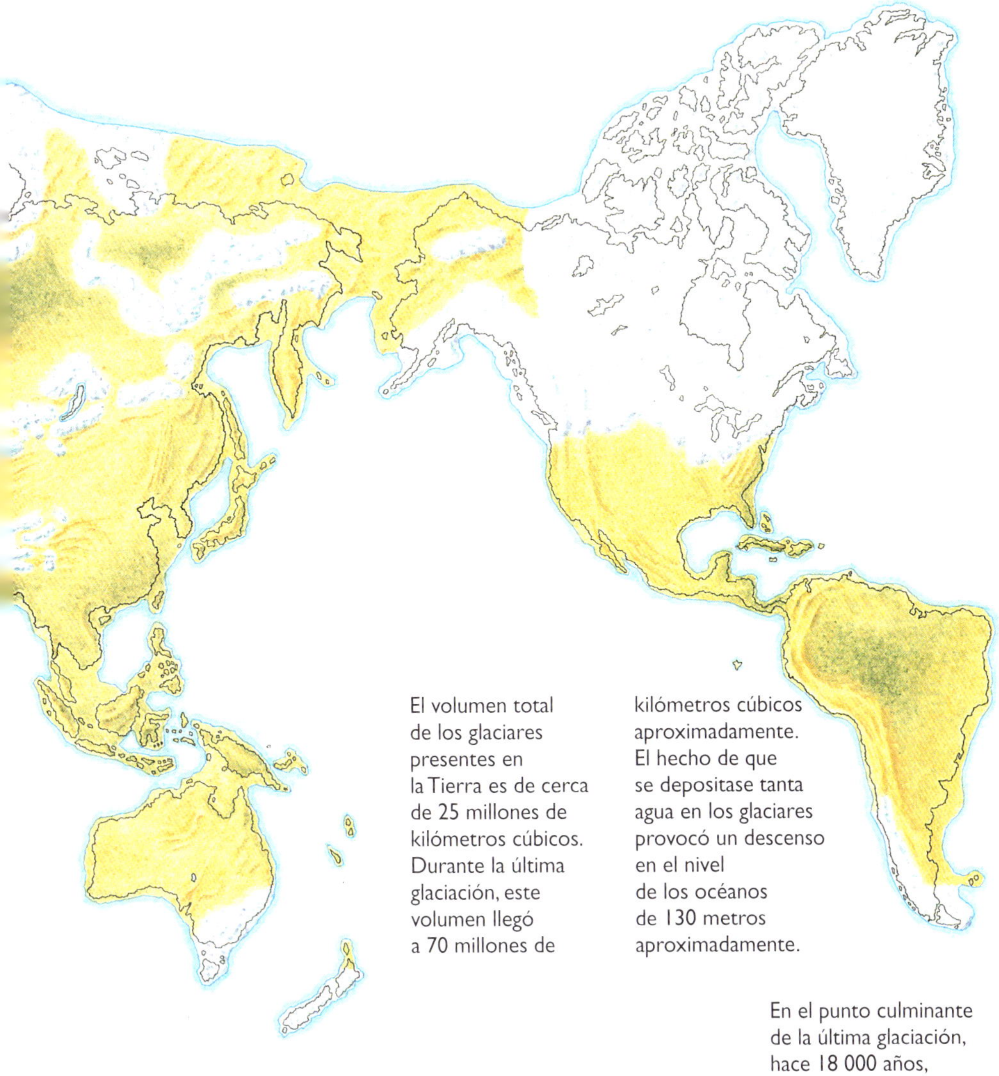

El volumen total de los glaciares presentes en la Tierra es de cerca de 25 millones de kilómetros cúbicos. Durante la última glaciación, este volumen llegó a 70 millones de kilómetros cúbicos aproximadamente. El hecho de que se depositase tanta agua en los glaciares provocó un descenso en el nivel de los océanos de 130 metros aproximadamente.

En el punto culminante de la última glaciación, hace 18 000 años, inmensos glaciares cubrían vastas regiones, sobre todo en el hemisferio septentrional. En los dos últimos millones de años, han tenido lugar sobre la Tierra al menos veinte glaciaciones.

Estos detritos son conocidos como la morena frontal del glaciar y cuando los glaciares se retiran incluso pueden formar verdaderas colinas. Otros detritos pedregosos son trasladados hasta el fondo del glaciar (morenas de fondo) o a los lados (morenas laterales). Los glaciares son un fenómeno muy estudiado, incluso por los climatólogos, porque su avance o su retroceso puede indicar una variación del clima.

En su lento discurrir aguas abajo los glaciares arrastran pedrisco y detritos que provocan una intensa acción abrasiva sobre el lecho de rocas subyacentes.

Un valle glaciar después de que los hielos se han retirado, con la típica forma de U. El pedrisco que caracteriza el fondo es lo que queda de la morrena glaciar: la masa de detritos rocosos que el río de hielo arrastraba con él.

Un glaciar en plena acción. La masa helada se desliza lentamente aguas abajo empujando hacia adelante los detritos que se han separado del lecho rocoso: la morrena frontal. A causa del roce con las rocas, la velocidad de deslizamiento de los hielos es menor en el fondo del glaciar que en la superficie, y en los bordes que en la parte central. Las diferentes velocidades abren en los glaciares profundas y peligrosas quebradas.

Las montañas
vol. 14 - pág. 74

Las glaciaciones
vol. 16 - pág. 84

# El carsticismo

La erosión no sólo remodela la superficie terrestre sino que en algunas zonas también logra esculpir el subsuelo. Este imponente fenómeno se llama carsticismo, denominación que proviene del nombre de la región en el altiplano que se encuentra detrás de Trieste, donde es extraordinariamente evidente el carsticismo.

El origen del fenómeno se encuentra en el anhídrido carbónico atmosférico que se licúa en las gotitas de agua, haciendo que el agua pluvial sea ácida. La acidez de la lluvia agrede a las rocas calcáreas disolviéndolas en una típica reacción de la erosión química. Así se originan los primeros signos del paisaje cárstico: los surcos de arroyamiento, excavados en la roca por la lluvia.

Estos surcos, con el tiempo, se hacen más profundos y forman depresiones en forma de embudo: las torcas. El fondo de las torcas poco a poco se va erosionando, hasta que el agua consigue hacerse una vía en el subsuelo, donde continuará su obra disgregadora. Además de las torcas y los polies (depresiones más vastas), los cursos de agua que desaparecen bajo la tierra y aparecen muchos kilómetros después originando los denominados valles ciegos, también caracterizan el paisaje cárstico. Por ejemplo, el río Timavo se hunde en Eslovenia y vuelve a salir a la superficie en Friul, ¡después de un viaje subterráneo de 40 kilómetros!

En el subsuelo el agua sigue erosionando las rocas calcáreas y abriendo nuevos trayectos y nuevos pasajes. De este modo se crean las grutas, formadas por galerías situadas a distintos niveles, conectadas por pozos verticales: los antiguos restos de un río subterráneo. El goteo de agua rica en minerales

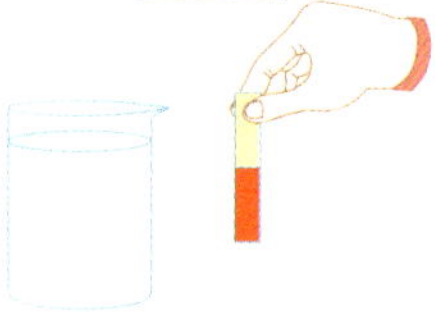

**Ácidos y bases**
**vol. 3 - pág. 30**

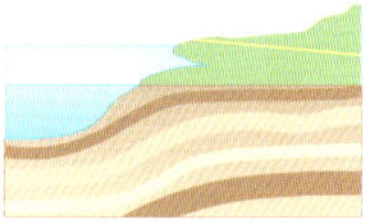

**Las rocas sedimentarias**
**pág. 86**



**La lluvia**
**vol. 8 - pág. 52**

El agua procedente de la lluvia penetra en el subsuelo hacia profundos pozos, las torcas.

Gracias a su acidez, el agua excava en las rocas calcáreas canales y cavernas subterráneas, a menudo también de grandes dimensiones.

El agua que se acumula en el subsuelo puede reunirse y formar verdaderos ríos subterráneos.

desde los techos de las grutas forma las estalactitas (pináculos que cuelgan de las bóvedas) y las estalagmitas (columnas que salen del suelo de las grutas). Sin embargo estas formas se originan a una velocidad lentísima: menos de un milímetro por año.

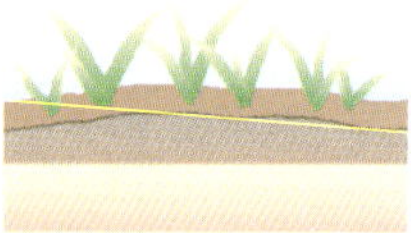

# El suelo

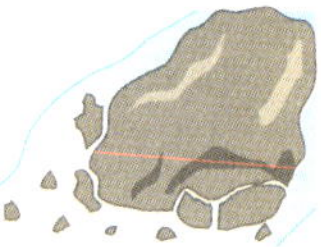

La erosión
pág. 44

Si observamos un campo de trigo, un bosque o la extensión verde de un pastizal, difícilmente nos daremos cuenta de que sin el suelo, ni el grano, ni los árboles, ni la hierba podrían existir. Es el suelo el que, al recubrir las rocas, permite a las plantas encontrar las sustancias nutritivas necesarias para vivir. El suelo está constituido por una parte mineral, que proviene de la disgregación de las rocas y por una parte orgánica que está formada por hojas, ramas, troncos y restos de animales que quedan en el terreno, parte de los cuales se descompone a causa de las diversas bacterias. Estas sustancias constituyen el humus, es decir, la sustancia que da fertilidad al suelo. El clima es uno de los factores más importantes en la formación del suelo, porque la temperatura, la humedad y las precipitaciones influyen en la producción del humus. También la vegetación, que protege al terreno de la erosión y le proporciona material orgánico, desempeña uno de los papeles

Los grandes medio
ambientes naturales
vol. 14 - pág. 40

La vegetación frondosa de las forestas tropicales en realidad esconde un suelo sutil y pobre en sustancias nutritivas. De hecho, estas, apenas están disponibles, se ven de nuevo reabsorbidas por las plantas (en la página anterior).

En los climas templados, el estrato fértil del suelo puede alcanzar un espesor incluso de varios metros, porque las sustancias nutritivas se acumulan. Los suelos de estas regiones son los más adecuados para la agricultura.

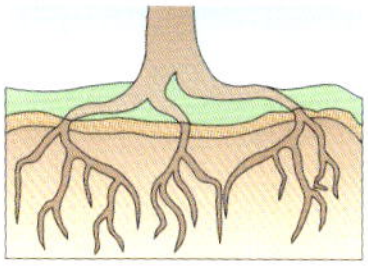

**Las raíces**
**vol. 10 - pág. 38**

más importantes. El suelo está compuesto por varios estratos, llamados horizontes. El estrato superior es el más rico en materia orgánica. A medida que descendemos encontramos estratos más ricos en minerales, pero pobres en humus. En las capas más profundas encontramos el estrato de rocas. Los suelos tienen espesores muy variables: de pocos centímetros a muchos metros. Las condiciones climáticas en las latitudes medias, en Europa por ejemplo, permiten la formación de una espesa capa de humus de color marrón oscuro. Sin embargo, en las zonas tropicales el calor acelera la acción de las bacterias que descomponen la materia orgánica y la producción de humus es baja. Además la lluvia se lleva las sales nutritivas y sólo quedan los detritos minerales erosionados por las rocas: son precisamente estos detritos los que confieren a muchos suelos tropicales su intenso y característico color rojo.

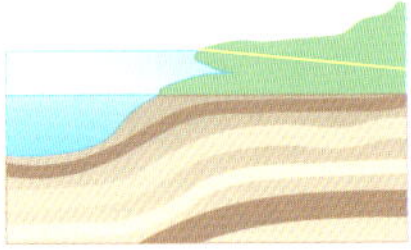

# LAS ROCAS SEDIMENTARIAS

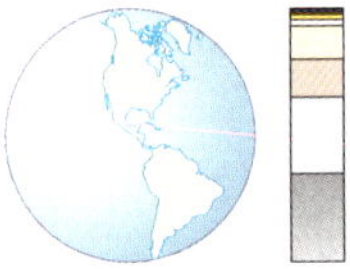

¿De qué está hecha la Tierra?
pág. 22

El ciclo de las rocas
pág. 38

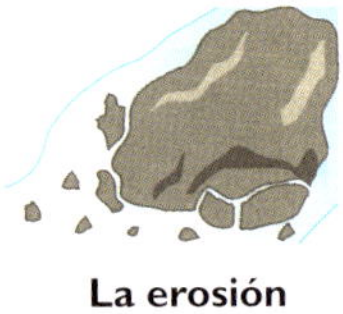

La erosión
pág. 44

Hay rocas que se forman, fragmento por fragmento, en el transcurso de mucho tiempo: son las rocas sedimentarias. Cuando los granitos de rocas erosionadas de las montañas, los esqueletos de pequeños animales marinos o algunos minerales, se acumulan en el fondo del océano o en el lecho de un río, el escenario está preparado para el nacimiento de las rocas sedimentarias. Estos depósitos de materiales no pueden llamarse desde un primer momento rocas. Pero, poco a poco la acumulación de nuevos estratos hace que aumente la presión sobre aquellos que quedan debajo. Empujan las partículas que están cada vez más cerca las unas de las otras y el agua que se filtra entre ellas deposita minerales como la calcita y la sílice. El aglomerado, ahora compacto a causa de las grandes presiones, se hace una masa sólida: se han formado las rocas sedimentarias.

Naturalmente existen varios tipos de rocas sedimentarias según el origen de los fragmentos acumulados. Las rocas sedimentarias clásticas se forman a partir de los depósitos de granos erosionados por otras rocas. Un representante típico de estas rocas es la arenisca, muy utilizada como material de construcción.

Las rocas sedimentarias pueden también tener un origen orgánico. La acumulación en los fondos oceánicos de millares de pequeños esqueletos calcáreos o silíceos de microorganismos marinos es el origen de las rocas sedimentarias calcáreas. En algunas de estas rocas aún se pueden percibir los restos de aquellos antiguos esqueletos. De hecho las rocas sedimentarias son las únicas en las que es posible encontrar los fósiles de animales y plantas ya extinguidos.

Finalmente están las rocas sedimentarias químicas. Se forman por la lenta acumulación de minerales que proceden del agua y quedan en el fondo cuando el agua se evapora. La salgema es un ejemplo característico.

Lejos de la costa o lejos de las hoces de los ríos, los sedimentos del fondo están formados sobre todo por las conchas calcáreas de los organismos marinos.

Los sedimentos más pequeños transportados al mar por los ríos se depositan más lejos de la hoz, cuanto menores son sus dimensiones.

Cerca de las hoces de los ríos se deposita fundamentalmente la grava.

Con el paso del tiempo y bajo el peso de los sedimentos que se encuentran encima, las conchas calcáreas de organismos marinos se condensan, dando origen a las calizas.

Con el paso del tiempo y bajo el peso de los sedimentos que se encuentran encima, los pequeños fragmentos de roca se condensan y dan origen a la arenisca.

Con el paso del tiempo y bajo el peso de los sedimentos que se encuentran encima, la grava se convierte en una masa compacta que forma fragmentos mayores los cuales se condensan y forman conglomerados.

**Los estratos geológicos**
**pág. 62**

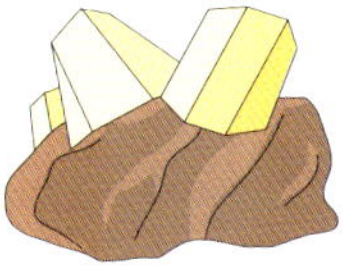

**Los minerales**
**pág. 24**

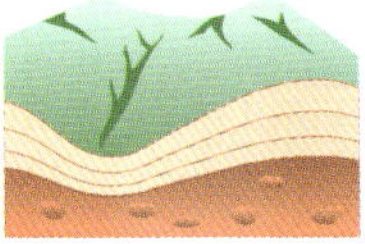

**Las rocas metamórficas**
**pág. 86**

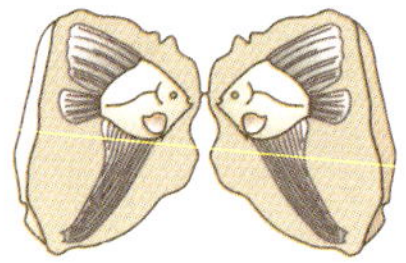

# LOS FÓSILES

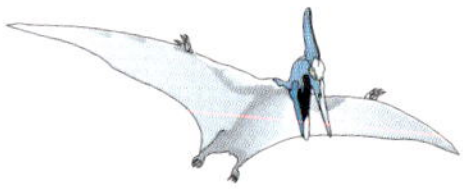

La vida en la Tierra
vol. 16

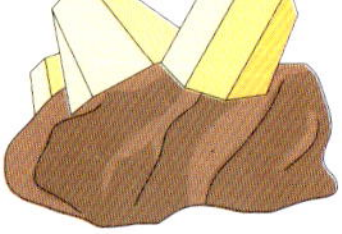

Los minerales
pág. 24

Dinosaurios, pterodáctilos, tigres con dientes en forma de sable, ictiosauros: ¿cómo sabemos que en épocas remotas han vivido especies animales o vegetales ya desaparecidas? Encontrando sus restos fósiles. No se encuentra el animal completo: a menudo lo que se recupera es una pequeña parte (un hueso, un diente, la huella que ha quedado en una roca, etc.). Los fósiles no sirven sólo para reconstruir la historia de la vida en la Tierra. De hecho los geólogos también los utilizan para fechar las rocas. La fosilización es un proceso muy complicado y, por lo tanto, infrecuente. Se verifica cuando el animal o la planta quedan inmediatamente sepultados en la tierra después de morir, de modo que su descomposición es mucho más lenta. Si el ambiente donde reposan los restos es el adecuado, como el fango en el fondo de un lago o en el mar, entonces la fosilización puede comenzar. Los tejidos blandos no se fosilizan, pero las partes duras, como el esqueleto, sufren una singular transformación. En el lugar de las partes orgánicas se filtran, muy lentamente, diversos minerales que convierten los restos en algo parecido a piedra, pero manteniendo su forma original. A veces del antiguo animal sólo queda una huella, una especie de tenue diseño. Sin embargo, hay partes del cuerpo muy resistentes que se conservan sin alteraciones, por ejemplo los dientes. En casos excepcionales se han conservado restos dejados por animales que aún estaban vivos. En la resina de los árboles, la cual se transforma en ámbar, podemos admirar insectos de hace 60 o 70 millones de años. Se han encontrado incluso animales enteros que ni siquiera han comenzado el proceso de fosilización: es el caso de los mamuts de hace más de 10 000 años conservados en los glaciares de Siberia. En los Alpes se han hallado incluso restos de un antepasado nuestro de hace 4 000 años: el hombre de Similaun.

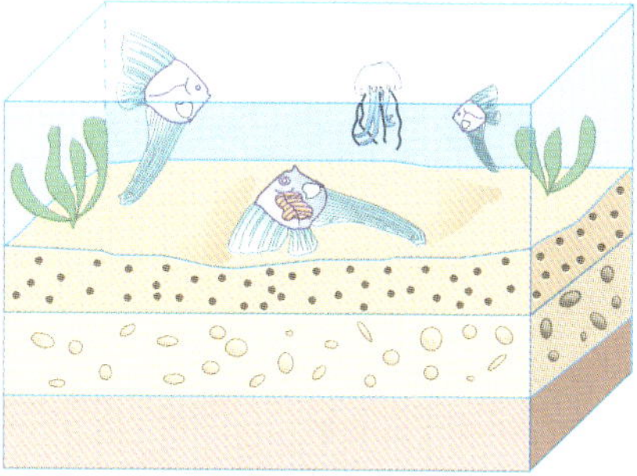

La fosilización es un proceso
extraño y requiere
circunstancias muy favorables.

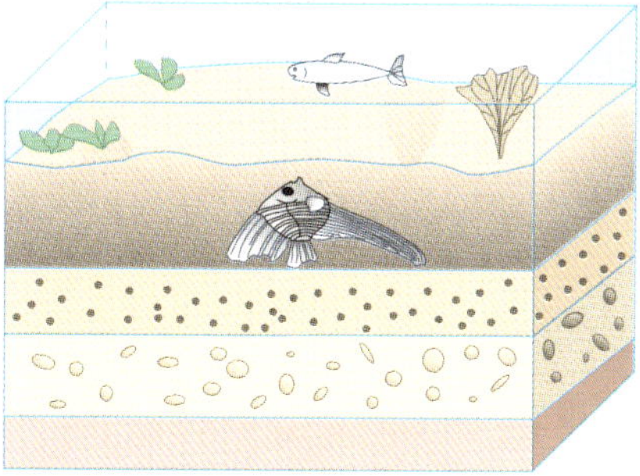

Si un fango fino y pobre en oxígeno
recubre al animal muerto,
la descomposición se hace más lenta
y los restos quedan protegidos.

Las partes blandas no se
conservan mientras que, con
una lentitud extrema, los huesos
se impregnan de minerales.

La sustitución con minerales
continúa durante mucho tiempo,
incluso aunque el ambiente en
los estratos superiores cambie.

Tal vez, después de muchos
millones de años, la erosión
devuelva a la superficie
los restos fósiles.

Cuando el fósil se acerca a
la superficie puede, con un poco
de suerte, ser descubierto.

El cráneo de un antepasado del hombre moderno, el *Homo erectus*, el inventor del fuego. Esta especie, que apareció en África hace aproximadamente 2 millones de años, fue la primera del grupo de los homínidos que colonizó también Asia.

El fósil de un trilobite, un animal común en el Cámbrico, hace más de 500 millones de años.

Esqueleto de *Gallimimus bullatus*, un dinosaurio que vivía hace 72 millones de años donde actualmente se encuentra el desierto de Gobi, en China.

Las huellas fósiles de antiguas plantas, parecidas a los helechos, muy comunes en las forestas del Carbonífero, hace 360 millones de años.

La concha fósil de un amonites, perteneciente a un grupo de animales marinos que vivieron hace centenares de millones de años y desaparecieron hace 65 millones de años.

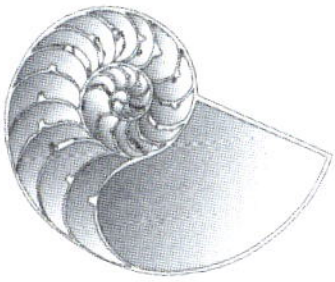

**La extinción**
**vol. 9 - pág. 82**

**La interpretación de los fósiles**
**vol. 22 - pág. 22**

Huevos fósiles de Protoceratops, un gran dinosaurio herbívoro, que se remontan a hace 72 millones de años.

El cráneo de un tigre con dientes de sable, un felino que vivió en América y Europa y se extinguió hace cerca de 10 000 años, probablemente a causa de la intensa caza del hombre prehistórico.

# LOS ESTRATOS GEOLÓGICOS

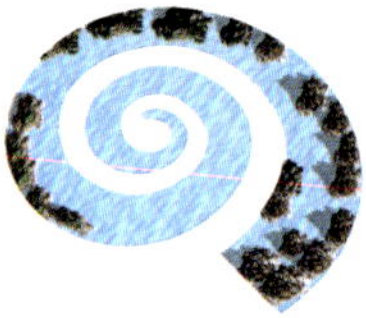

**El tiempo geológico**
**pág. 10**

Las rocas y su disposición en estratos superpuestos pueden considerarse como las páginas de un enorme libro donde están escritos los eventos más importantes de la historia de nuestro planeta. Como detectives, los geólogos estudian los estratos rocosos, extrayendo de ellos los fósiles y analizando su composición química. Así pueden reconstruir los ambientes del lejano pasado en los cuales se formaron los estratos. Pero, ¿cómo pueden los geólogos remontarse a épocas tan lejanas? La respuesta es simple. Los sedimentos que se acumulan en las llanuras o en los fondos oceánicos están formados por estratos diferentes los unos de los otros. Los estratos que se encuentran en la parte baja son más antiguos que aquellos que los han cubierto y se han colocado en una zona más alta. Este principio fundamental se llama principio de superposición. Sin embargo, el orden temporal de los estratos se mantiene sólo en los sedimentos que se

**Las rocas sedimentarias**
**pág. 56**

El reconocimiento de las especies fósiles es de fundamental importancia para un geólogo. Conociendo la época en que ha vivido una especie determinada es posible establecer la edad de la roca en la que el fósil de esta especie ha sido hallado. Comparando los fósiles de varios estratos es posible, por ejemplo, saber si esos estratos se encuentran aún en la posición originaria o son estratos invertidos.

encuentran bajo las llanuras o en los fondos marinos. Las rocas sedimentarias que aparecen en las cadenas montañosas ya no muestran el orden original. Pliegues, deformaciones e inversiones transforman la disposición de los diversos estratos en un verdadero enigma para los geólogos que deben, pacientemente, reconstruir el antiguo orden. En este trabajo son muy útiles los fósiles, especialmente aquellos de animales, en general marinos, que han aparecido y desaparecido rápidamente del planeta. Con estos preciados fósiles, denominados «guía», se consigue fechar fácilmente un estrato. De hecho, todos los estratos que contengan estos fósiles, incluso en diferentes partes del planeta, se remontarán inevitablemente al mismo período. Con este tipo de correlatos los geólogos consiguen seguir las agitadas vicisitudes de la corteza terrestre.

¿Cómo consiguen los geólogos reconstruir la antigua región? Gracias a los fósiles atrapados en las rocas sedimentarias es posible estudiar estos estratos y reconocerlos incluso aunque ya estén muy deformados y se encuentren lejos de su origen o en cotas muy diferentes. Los contornos, las dimensiones y las vicisitudes de regiones terrestres son reconstruidos por los geólogos, con intervalos temporales distanciados por decenas de millones de años.

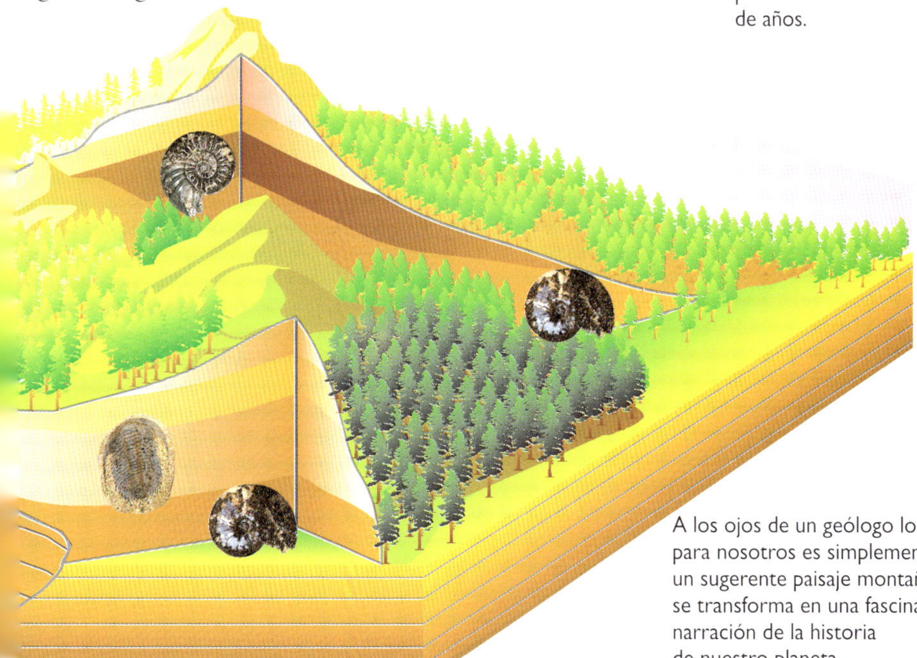

A los ojos de un geólogo lo que para nosotros es simplemente un sugerente paisaje montañoso se transforma en una fascinante narración de la historia de nuestro planeta.

En el Gran Cañón del Colorado, en Estados Unidos, la erosión fluvial ha esculpido en la roca una inmensa garganta, con una profundidad de hasta 2 000 metros, que muestra a cielo abierto la sucesión de los estratos que se han depositado en el transcurso del tiempo. La turbulenta historia de esta región puede leerse como un libro, reconociendo el ambiente de formación de cada estrato de rocas.

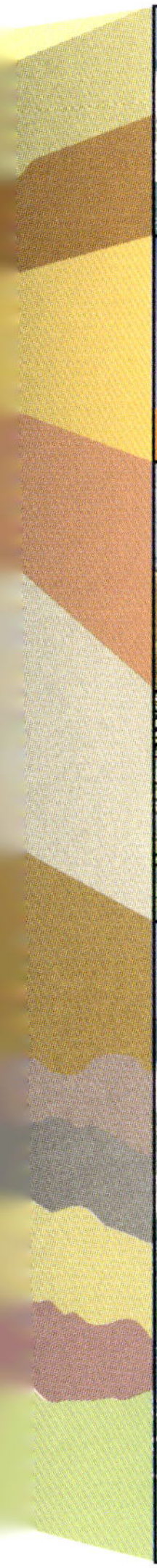

Desde hace 260 a 265 millones de años la región del Gran Cañón era un fondo marino.

Desde hace 270 a 260 millones de años era un desierto.

Desde hace 280 a 270 millones de años era una húmeda llanura aluvial.

Desde hace 330 a 280 millones de años era un inmenso pantano.

Desde 1 200 000 a 330 000 000 años era un fondo marino.

**Lyell y la geología moderna**
**vol. 23 - pág. 22**

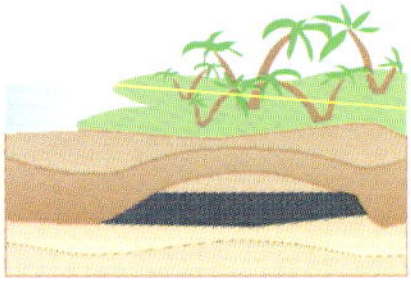

# EL ORIGEN DEL PETRÓLEO

La química del carbono
vol. 3 - pág. 64

Los océanos que existían hace 400-500 millones de años tenían gran cantidad de vida. Miles de millones de microorganismos parecidos al plancton, vivían en aquellos mares y cuando morían se precipitaban al fondo. A estas microscópicas criaturas les debemos la posibilidad de trasladarnos cómodamente en automóvil, en avión o en barco: en todos los medios que emplean combustibles derivados del petróleo. Pero, ¿cómo se ha formado el petróleo? La historia comienza en una época remota que los geólogos llaman período Ordovícico (hace alrededor de 400 millones de años). Los microorganismos muertos se acumularon en los fondos oceánicos, donde fueron sepultados por los sedimentos.
La descomposición, producto de unas bacterias especiales, fue muy lenta en estas zonas. Entre tanto otros sedimentos se acumularon sobre los anteriores, que continuaron hundiéndose. Las bacterias habían realizado su función produciendo metano y dejando escoria orgánica. Si el estrato que contenía los residuos descendía uno o dos kilómetros en la corteza terrestre, la temperatura se hacía tan elevada que rompía las moléculas de aquellas escorias: donde ocurría esto se formaron los hidrocarburos. Flotando en el agua subterránea como gotitas, los hidrocarburos comenzaron largas

Las rocas sedimentarias
pág. 56

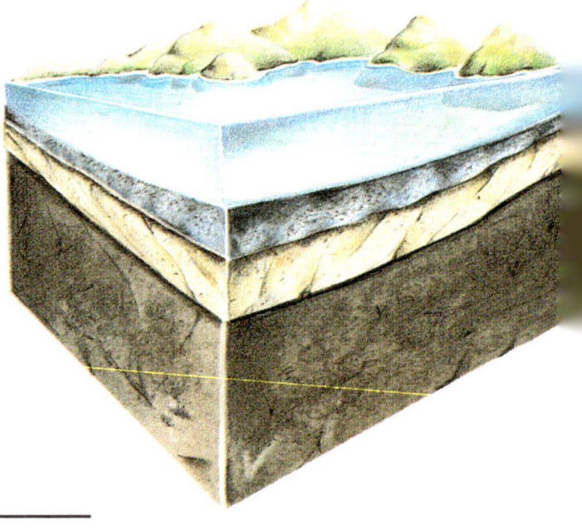

Las dos condiciones para la transformación de residuos de microorganismos marinos en petróleo, es decir, la alta presión y las temperaturas elevadas, se verifican cuando los residuos quedan cubiertos por nuevos sedimentos y se hunden más.

El petróleo no se encuentra en forma de masa líquida homogénea, sino disperso en los intersticios de sedimentos, por ejemplo, arcillas o grupos de rocas porosas.

**Los hidrocarburos**
**vol. 3 - pág. 80**

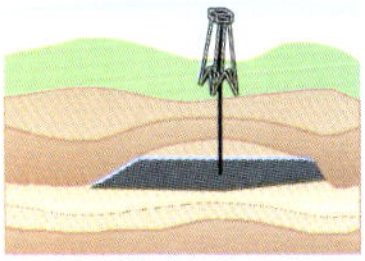

**La industria petrolífera**
**vol. 24 - pág. 22**

migraciones siguiendo las vicisitudes de la corteza. En muchos casos los hidrocarburos quedaron atrapados en rocas porosas, donde se fueron acumulando hasta formar yacimientos de petróleo. Con estudiar las características geológicas de la superficie y «radiografiar» el subsuelo con técnicas particulares, los geólogos determinan las zonas donde la probabilidad de descubrir un yacimiento es máxima. Pero solamente horadando el terreno y llegando a notables profundidades, incluso de más de dos kilómetros, se puede asegurar la existencia de una reserva subterránea de petróleo.

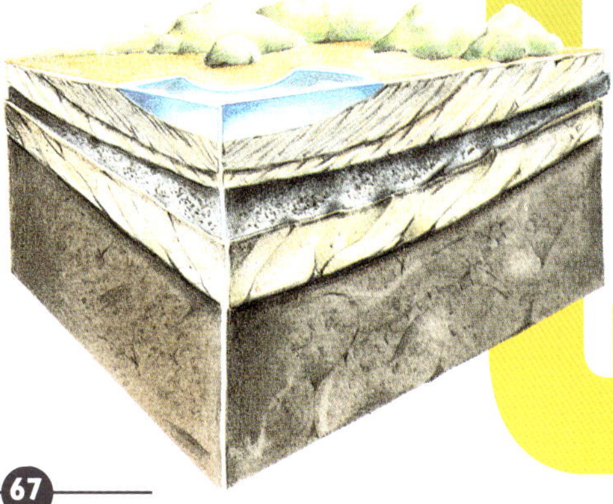

# EL ORIGEN DEL CARBÓN

La química
del carbono
vol. 3 - pág. 64

Cuando quemamos el carbón utilizamos una pequeña parte de la energía solar que plantas, pertenecientes a especies ya extinguidas, atraparon en las hojas y en la madera hace centenares de millones de años. Los geólogos definen el carbón como una roca sedimentaria de origen orgánico. Se compone de casi un 90 % de carbono y comenzó a formarse en los inmensos pantanos que caracterizaron el período Carbonífero hace 350 millones de años.

En las frondosas forestas de aquellas lejanas épocas las plantas crecían y morían a un ritmo incesante. Los árboles caídos en el terreno pantanoso eran cubiertos por el agua y el fango antes de descomponerse y ser transformados en turba por bacterias especializadas (la turba es una sustancia fibrosa, pobre en oxígeno pero rica en carbono). Con el tiempo los sedimentos que habían cubierto los árboles caídos se convirtieron en rocas y originaron una serie de transformaciones en la turba subyacente. Esta perdió aún más oxígeno y al final de este proceso quedó transformada en lignito: un carbón no muy preciado. Pero las transformaciones aún no habían acabado.

La compresión debida a los nuevos estratos sedimentarios, que incesantemente continuaban acumulándose, llevó finalmente a la formación del verdadero carbón.

Las rocas
sedimentarias
pág. 56

La mayor parte de los yacimientos carboníferos descubiertos se remontan a hace 350 millones de años, pero algunos en Europa son, por el contrario, bastante jóvenes: se han formado hace apenas 40 millones de años. Para extraer el carbón se utilizan principalmente dos técnicas. Si el filón es profundo es necesario excavar pozos y galerías: la mina subterránea es una técnica que aún se utiliza en muchos países, como Rusia y China. Si, por el contrario, el filón es superficial se llega a él sin excavar galerías, con una mina a cielo abierto.

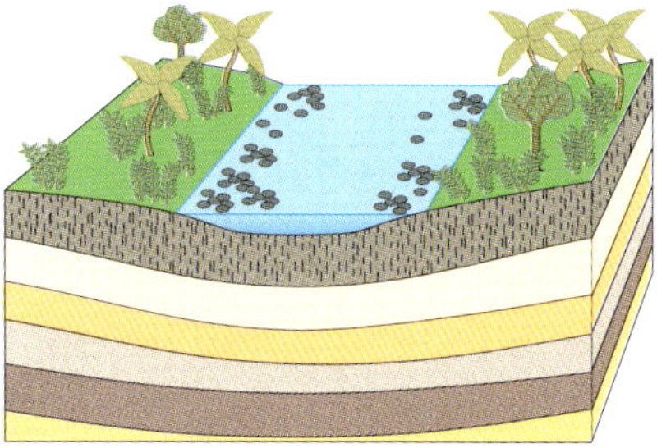

Turba

La formación del carbón comienza con la acumulación de vegetación muerta en terrenos pantanosos donde las aguas pobres en oxígeno impiden a las bacterias descomponerse. Con el tiempo se forma la turba en la cual se reconocen aún los restos de las plantas.

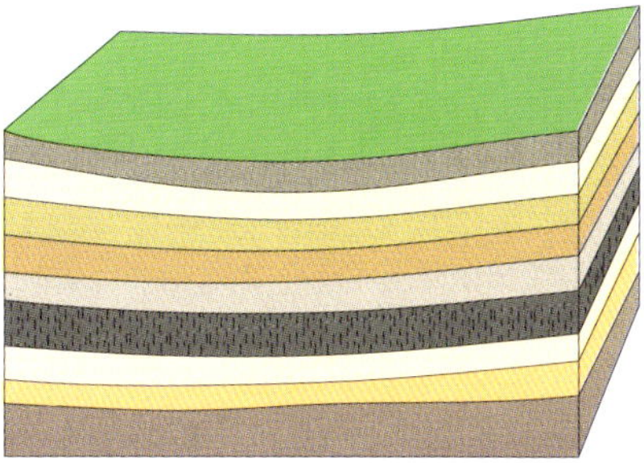

Lignito

Los movimientos de la corteza pueden impulsar hacia abajo el estrato de turba.
La temperatura y la presión aumentan con la profundidad, y la turba sufre nuevas transformaciones químicas convirtiéndose en lignito, un carbón muy blando, de baja calidad.

**Energía del carbón**
**vol. 22 - pág. 36**

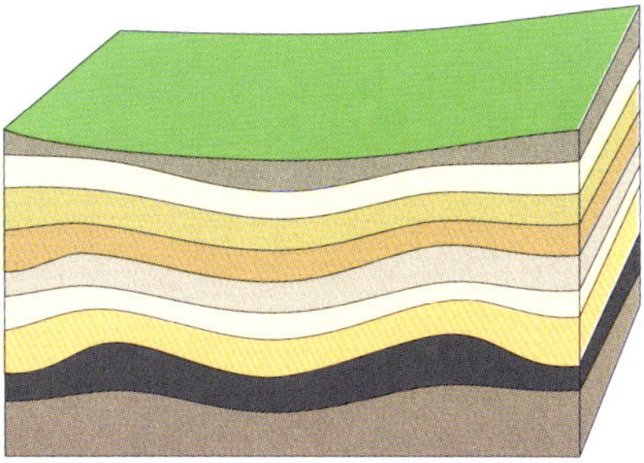

Antracita

Si el lignito es impulsado aún más abajo, donde la presión y la temperatura son más elevadas, con el tiempo se transforma en antracita, el carbón más preciado, ya que tiene un poder calórico más elevado, constituido por un 90-98 % de carbono.

# Los volcanes explosivos

Cada volcán tiene su propia personalidad, pero los científicos han subdividido estas montañas que echan fuego, lava y cenizas en dos grandes grupos, según la zona geológica donde surjan: volcanes explosivos y volcanes efusivos. Los volcanes explosivos constituyen uno de los fenómenos más violentos de nuestro planeta y se encuentran en los bordes de las placas que chocan. El choque de las placas normalmente impulsa a una debajo de la otra. La placa que se hunde en las profundidades terrestres se funde parcialmente. Son procesos extraordinarios, en los que las energías liberadas son enormes. Si agitamos una botella con una bebida que tenga gas y a continuación la abrimos, la bebida sale fuera a una gran velocidad. Del mismo modo los gases atrapados en el magma incandescente lo obligan a subir y a abrirse paso por donde la corteza terrestre es más frágil. Una vez que ha llegado a la superficie, el magma, llamado lava, comienza a construir

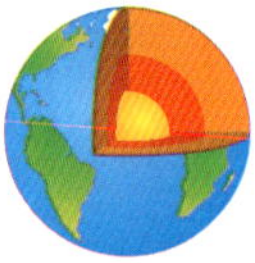

El interior de la Tierra
pág. 16

Placas en movimiento
pág. 28

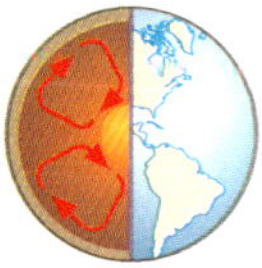

La máquina Tierra
pág. 30

Las explosiones volcánicas más violentas se registran en aquellas zonas donde una placa litosférica se desliza por debajo de otra. La placa que se hunde se funde parcialmente y el magma que se crea es muy viscoso. Los gases se quedan atrapados y su presión aumenta hasta provocar potentes explosiones.

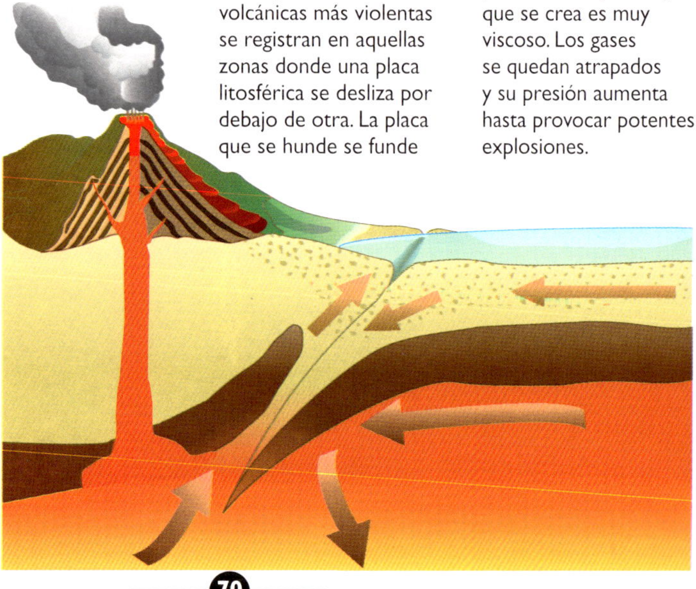

La isla de Krakatoa en el estrecho de Sonda, tal y como aparecía en una imagen del 27 de agosto de 1883, cuando quedó casi completamente destruida por una gigantesca explosión volcánica que lanzó al aire más de 20 kilómetros cúbicos de rocas.

La explosión del Krakatoa, que dejó la isla como la vemos en la actualidad, fue tan violenta que se oyó hasta a 5 000 kilómetros de distancia. El maremoto provocado por la explosión, con olas de una altura de más de 40 metros, provocó 36 000 víctimas en las cercanas islas de Java y Sumatra, y las olas sobresalieron hasta en Europa, en el Atlántico, a 17 000 kilómetros de distancia.

el cono del volcán. En los volcanes explosivos la lava (denominada andesita) es viscosa, es decir, se desliza con dificultad, y es también rica en gas. Las paredes de los volcanes explosivos son en general muy escarpadas, precisamente porque la lava no fluye fácilmente. La singular viscosidad de la lava es también la causa de las explosiones. De hecho, la lava cuando sube por la chimenea volcánica puede formar un tapón. Los tapones hacen que se acumule una enorme energía que puede incluso provocar la explosión y la destrucción del volcán. En estas violentísimas erupciones se forman columnas de humo y cenizas con alturas de hasta 30 kilómetros, se lanzan al aire fragmentos de lava incluso de grandes dimensiones y se producen aludes de gas, ceniza, lava, trozos de rocas, etc., que se precipitan por los lados de los volcanes destruyendo todo lo que encuentran a su paso.

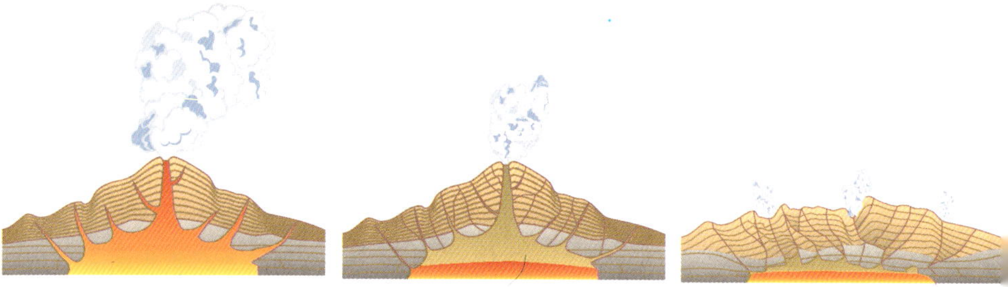

Las calderas se forman tras repetidas erupciones volcánicas, tanto de tipo explosivo como de tipo efusivo. Al sucederse las erupciones, la cámara magmática se queda vacía. Cuando la cámara magmática se ha vaciado, las paredes del volcán caen sobre sí mismas. En la depresión que se forma se pueden reunir las aguas de un lago, como el lago Crater, en el estado americano de Oregón.

La ciudad romana de Pompeya fue destruida de repente, el 24 de agosto del 79 d.C., por la explosión del Vesubio. En el transcurso de pocas horas la ciudad y todo el campo circundante en un radio de 18 kilómetros, quedaron cubiertos por un estrato de cenizas y fragmentos de materia volcánica con un espesor de varios metros.

El color rojo de los atardeceres se debe a las partículas de polvo suspendidas en la atmósfera, muy a menudo producidas precisamente por las explosiones volcánicas. La gran explosión del volcán Tambora, en Java, que tuvo lugar en 1815, lanzó a la atmósfera tal cantidad de polvo que oscureció parcialmente el Sol durante muchos meses, lo cual provocó crudos inviernos y carestía en todo el mundo.

**Las rocas ígneas**
**pág. 84**

**El redescubrimiento de la Tierra**
**vol. 24 - pág. 68**

# LOS VOLCANES EFUSIVOS

Los volcanes efusivos son mucho más tranquilos que los explosivos y por ello son también mucho menos peligrosos y más previsibles. Normalmente surgen en los márgenes de las placas litosféricas que se están separando; esto permite que el magma suba desde las profundidades terrestres. Estos volcanes pueden nacer también en los denominados puntos calientes, zonas llamadas de este modo porque se encuentran sobre una corriente de magma fundido que sube desde las profundidades del manto. Este es el caso, por ejemplo, de los famosos volcanes de las islas Hawaii.

La lava de los volcanes efusivos es fluida y se desliza fácilmente; se la denomina basáltica. La mayor parte de los volcanes efusivos se encuentra en las profundidades marinas. Es aquí donde la lava basáltica, que sale de los fondos, crea nueva corteza oceánica, y aleja de esta forma las placas continentales entre sí. Sin embargo, y ya en tierra firme, la lava basáltica se desliza como un gran río de fuego y puede recorrer distancias considerables antes de solidificarse. La lava basáltica recorre estas distancias de manera muy rápida (en las islas Hawaii se registró una velocidad de 55 kilómetros por hora). Los volcanes efusivos son generalmente bajos y anchos precisamente porque la lava se aleja rápidamente. Se calcula que en los últimos dos millones de años han aparecido sobre la Tierra cerca de 10 000 volcanes. Unos 9 000, es decir 9 de cada 10, están debajo del agua. Sin embargo los volcanes emergidos, activos actualmente o que lo fueron en un pasado reciente, son cerca de 500.

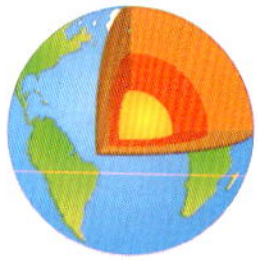

**El interior de la Tierra**
**pág. 16**

**Placas en movimiento**
**pág. 28**

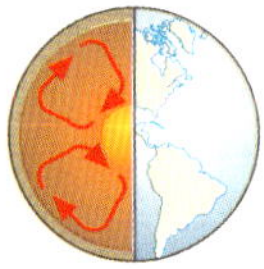

**La máquina Tierra**
**pág. 30**

Hendidura de un volcán efusivo islandés. Las lavas fluidas, compuestas por lava basáltica, se deslizan fuera rápida y fácilmente. Las pendientes del volcán son poco empinadas y se parecen a una especie de escudo formado por la lava que se extiende en las vastas superficies. Los diversos estratos de los que se compone el escudo volcánico son los restos de las sucesivas coladas lávicas que han tenido lugar en el pasado.

En la parte superior de la página de la izquierda: fuente de lava de uno de los cráteres del volcán Kilauea, en la isla de Hawaii.

En la parte inferior de la página de la izquierda: la lava comienza a descender. En el primer tracto, puede alcanzar una velocidad de 40-50 kilómetros por hora.

En la parte superior de esta página: la lava invade una carretera. El descenso de la lava es, afortunadamente, más bien lento, y permite a las personas ponerse a salvo.

Al final la lava llega al mar, donde se enfría y se solidifica, contribuyendo de este modo a aumentar las dimensiones de la isla.

**Las rocas ígneas**
**pág. 84**

**El redescubrimiento**
**de la Tierra**
**vol. 24 - pág. 68**

**Cómo nace una isla**
**pág. 80**

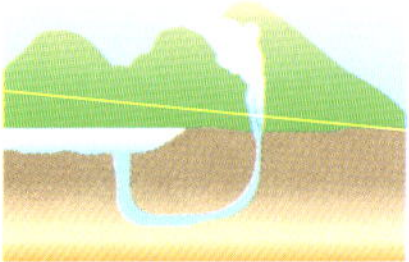

# Los géiseres

Como sorprendentes fuentes naturales, los géiseres lanzan al aire fortísimos chorros de agua caliente y rica en minerales, con una altura de hasta 500 metros. Estos espectaculares fenómenos se encuentran en zonas afectadas por una reciente actividad volcánica y pueden vivir desde un decenio hasta varios siglos. Los géiseres se forman cuando el agua se filtra en el terreno y discurre hacia rocas calientes a causa del magma incandescente. El agua se calienta, llega al punto de ebullición y sale a la superficie mezclada con vapor. Algunos géiseres están emitiendo chorros de agua continuamente. Otros, por el contrario, son más irregulares: lanzan el agua durante algunos minutos y después se paran durante horas o días. Y finalmente hay algunos, como el famoso Old Faithful del parque Yellowstone, cuya actividad podría ser controlada cronométricamente. Este géiser emite cada hora, durante unos pocos

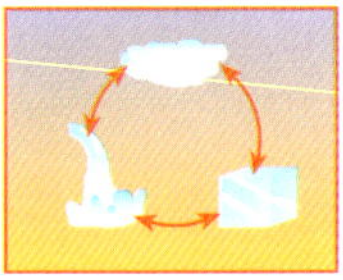

**Los cambios de estado**
**vol. I - pág. 88**

Los géiseres del parque Yellowstone, como el famoso Old Faithful, son una de las muestras del volcanismo de la región producidas por la existencia de un «punto caliente», es decir, una gran columna de magma que alcanza una altura de 30 kilómetros.

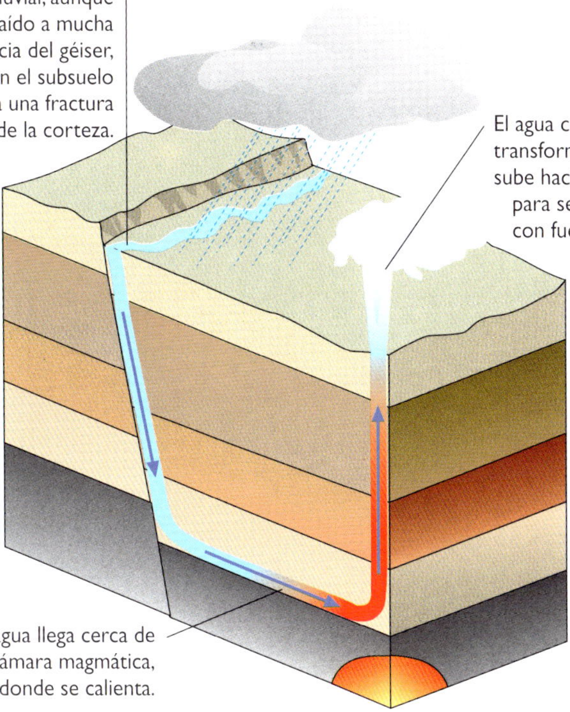


minutos, un chorro de agua con una altura de 50 metros. Podemos considerar los géiseres como un sistema subterráneo de tuberías naturales. Estas tuberías llegan a una profundidad de cientos de metros y es a esa profundidad donde se acumula el agua. En la base de estas tuberías, el agua no consigue hervir debido a la fuerte presión a la que está sometida (a pesar de que las rocas están muy calientes y la temperatura alcanza incluso los 150 °C). El calor se propaga a lo largo de una columna de agua y esta, al estar ahora más cerca de la superficie y a 100 °C, se pone finalmente a hervir. El agua empieza de este modo a evaporarse y esto hace que la columna se acorte. Nos encontramos preparados para el lanzamiento. La columna más corta hace que disminuya la presión en la base de la tubería: todo el agua puede empezar a hervir inesperadamente y lo hace con mucha fuerza. En un segundo toda la columna de agua es lanzada fuera de la tubería por la fuerza explosiva de la ebullición que ha tenido lugar en la base.

# ¿CÓMO NACE UNA ISLA?

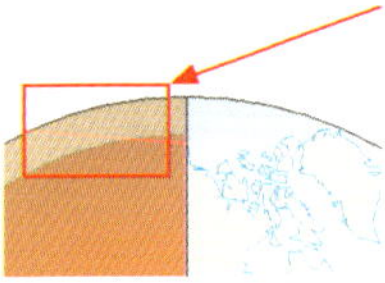

**La corteza terrestre**
**pág. 36**

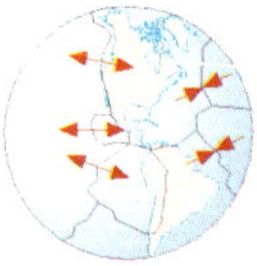

**Placas en movimiento**
**pág. 28**

**La erosión**
**pág. 44**

Se podría escribir la fecha de nacimiento de algunas islas, así como también la de algunos volcanes. En la zona de mar abierto de Islandia, el 11 de noviembre de 1963, comenzó una gigantesca erupción volcánica submarina. Tras algunos meses el volcán formó una nueva isla, bautizada con el nombre de Surtsey, que actualmente tiene una extensión de 2,5 kilómetros cuadrados y se eleva a una altura de 171 metros sobre el nivel del mar. Pero hay islas volcánicas bastante más grandes y famosas: las Hawaii, por ejemplo. Estas islas, situadas en medio del océano Pacífico, han nacido de enormes erupciones que han creado conos volcánicos más altos que cualquier montaña de la Tierra. Estos conos son tan altos que salieron por encima del nivel del agua y formaron grandes islas. Las Hawaii representan un fenómeno único y sorprendente también por otro motivo: los volcanes submarinos se ponen en movimiento por un punto caliente, es decir, una zona de la corteza terrestre de la cual sale, desde las profundidades del manto, una corriente de magma fundido. Es esta potente corriente la que da vida a los volcanes. Hay un hecho curioso. El punto caliente permanece fijo, siempre en la misma zona del manto, mientras que el

fondo del Pacífico se mueve. El resultado de este singular fenómeno es una fila de volcanes. De hecho, a medida que el fondo se desliza, el volcán recién formado se traslada fuera del radio de acción del punto caliente y en poco tiempo se apaga, pero en su lugar, el punto caliente crea uno nuevo. Esta especie de cadena de montaje de los volcanes ha producido cerca de 200 islas nuevas, muchas de las cuales han desaparecido, erosionadas por la lluvia y por la fuerza de las olas.

El movimiento hacia el noroeste de la placa del Pacífico ha originado una cadena de islas paralelas, en correspondencia con diversos puntos calientes. En las zonas donde la salida del magma ha sido más abundante, el material eruptivo ha llegado a la superficie del mar, creando una isla. La diferente orientación de ciertas cadenas se debe a antiguos cambios de dirección de la placa.

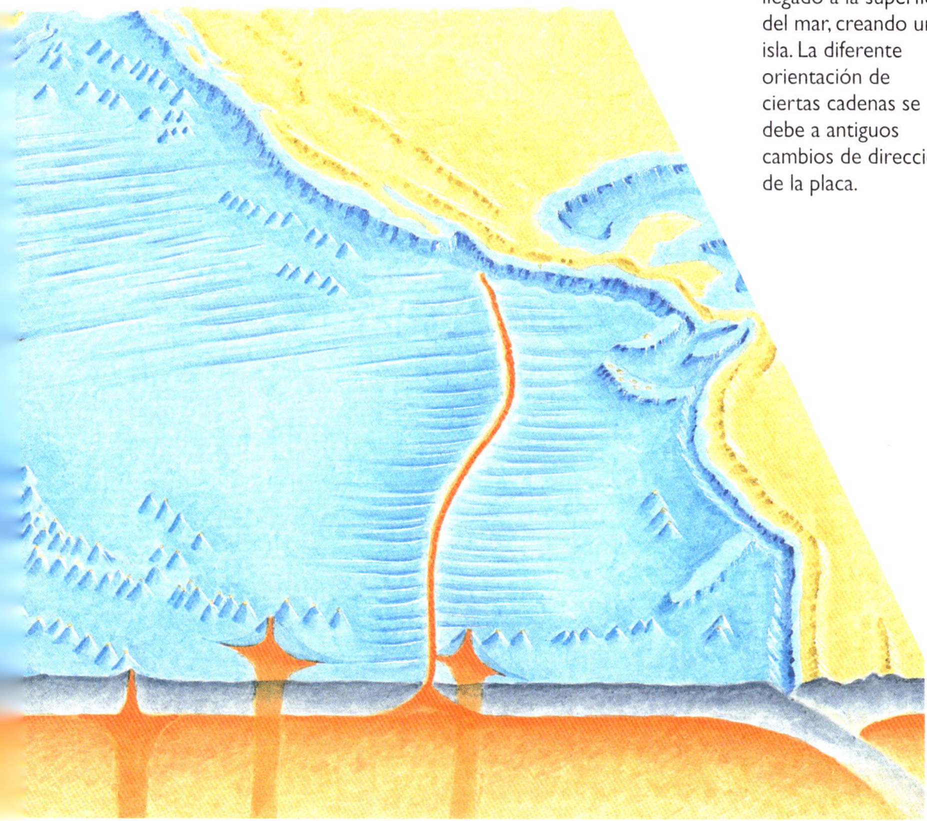

La velocidad de deslizamiento de la placa del Pacífico se ha mantenido constante durante decenas de millones de años: entre los 7 y los 8 centímetros al año.

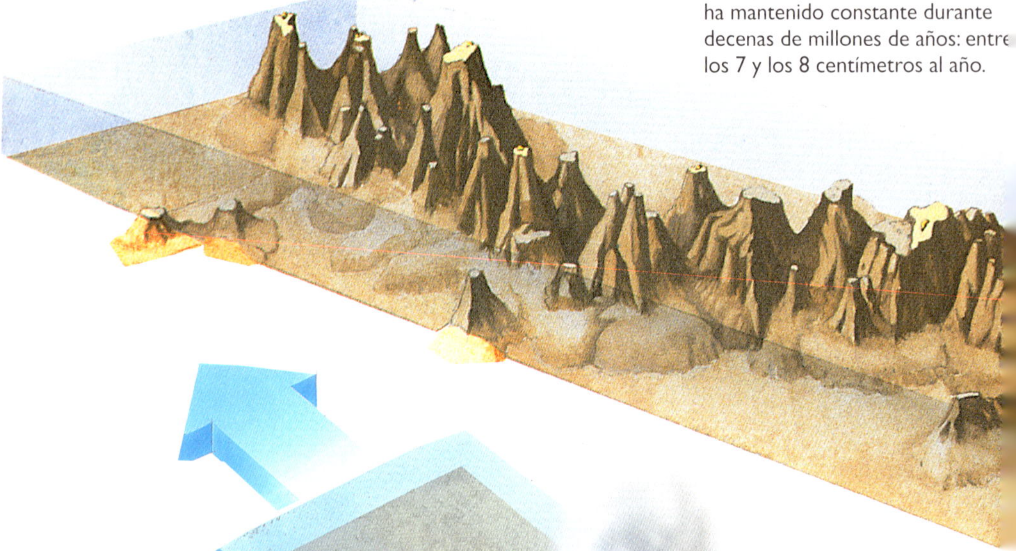

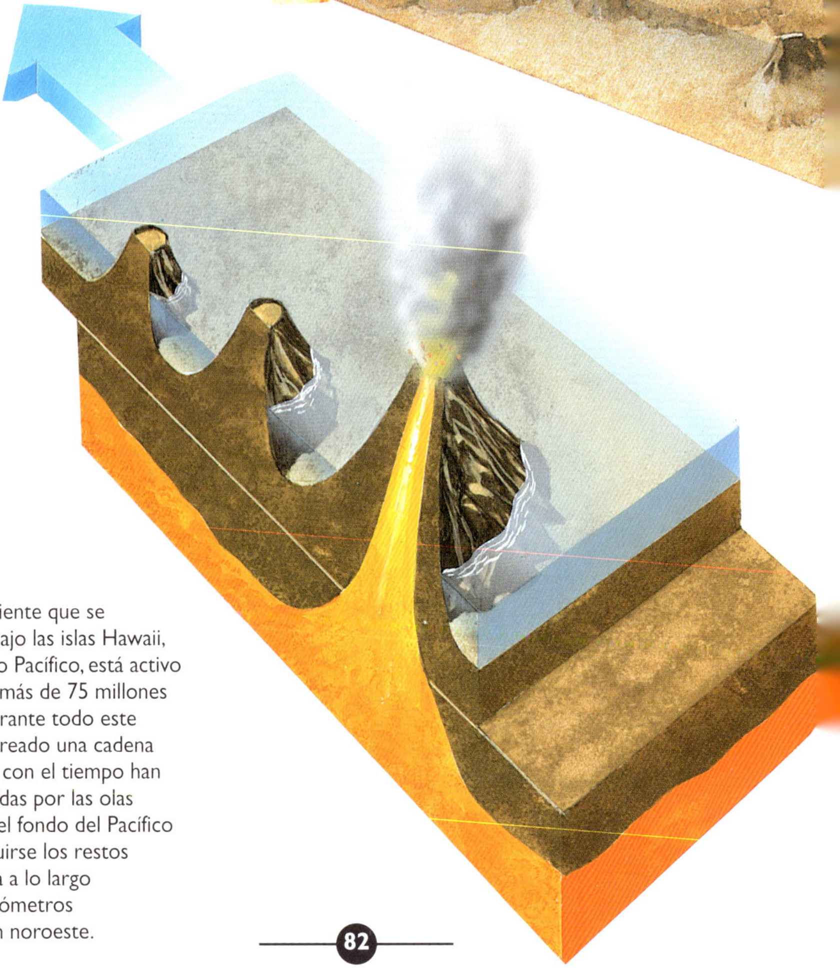

El punto caliente que se encuentra bajo las islas Hawaii, en el océano Pacífico, está activo desde hace más de 75 millones de años. Durante todo este tiempo ha creado una cadena de islas que con el tiempo han sido destruidas por las olas del mar. En el fondo del Pacífico pueden seguirse los restos de la cadena a lo largo de 3 000 kilómetros en dirección noroeste.

Kauai, la más antigua de las islas más importantes del archipiélago, se formó hace 5 millones de años.

La isla de Hawaii, la más reciente, es la única que tiene volcanes aún activos porque actualmente se encuentra sobre el punto caliente.

Molokai se formó hace un millón y medio de años.

**Los océanos**
**vol. 15**

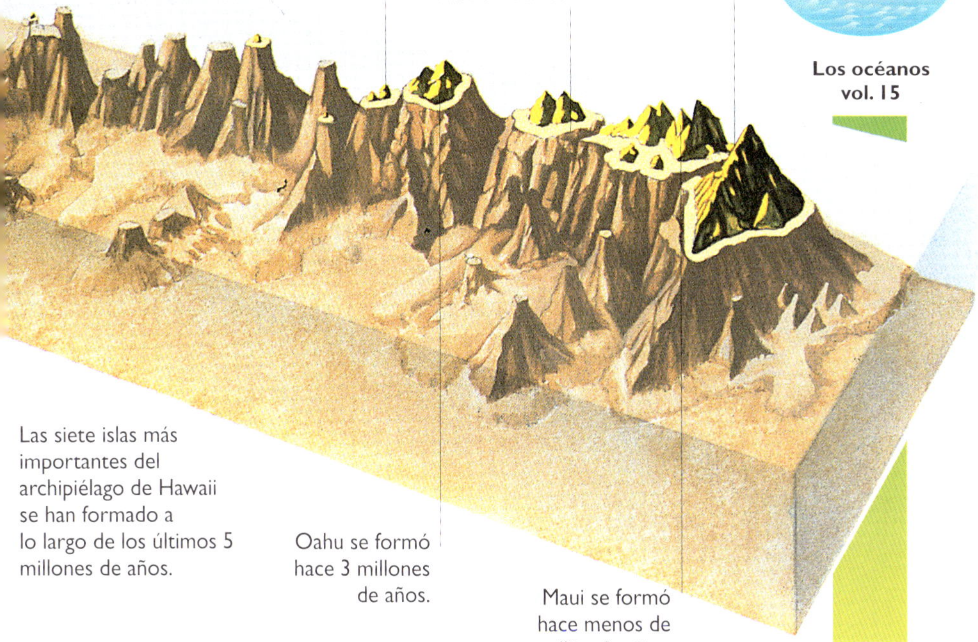

Las siete islas más importantes del archipiélago de Hawaii se han formado a lo largo de los últimos 5 millones de años.

Oahu se formó hace 3 millones de años.

Maui se formó hace menos de un millón de años.

A medida que el edificio volcánico se hunde en el océano, nuevas generaciones de madréporas crecen sobre las viejas y mantienen el atolón sobre la superficie del mar.

**El redescubrimiento de la Tierra**
**vol. 24 - pág. 68**

# LAS ROCAS ÍGNEAS

El ciclo de las rocas
pág. 38

Los volcanes explosivos
pág. 70

Los volcanes efusivos
pág. 74

¿A dónde va a parar la lava emitida por los volcanes, que a veces discurre como un río incandescente, a veces es lanzada al aire y otras veces se queda escondida en las profundidades de la Tierra? En los tres casos se transforma en roca. Las rocas resultantes pueden ser de distinta clase en función de cómo sean las condiciones de su enfriamiento y su composición química. Cuando el magma no consigue salir a la superficie, es decir, cuando se queda atrapado en las profundidades del planeta, se enfría y se solidifica bajo grandes presiones, y después se forman las rocas ígneas (o magmáticas) intrusivas. El granito, el gabro y la peridotita son algunas de las rocas ígneas intrusivas más difundidas. Puesto que el enfriamiento tiene lugar lentamente, los minerales que componen estas rocas, alrededor de una decena, tienen tiempo suficiente para cristalizar. En las rocas intrusivas los granos cristalinos tienen grandes dimensio-

Andesita

De la lava que llega a la superficie se forman las rocas ígneas efusivas. Las más comunes son los basaltos y las andesitas, que se diferencian principalmente por la mayor cantidad de hierro que contienen los primeros.

Basalto

**Peridotita**

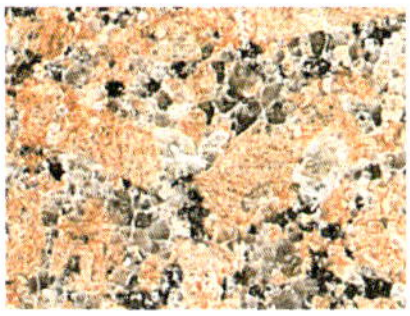

**Granito**

**Gabro**

Las sorprendentes columnas basálticas de la Calzada de los Gigantes, en Irlanda del Norte, se formaron por una colada particularmente espesa que, por lo tanto, se enfrió muy lentamente. Al enfriarse, el basalto disminuyó de volumen y se fracturó a intervalos regulares.

nes y se pueden observar a simple vista. Cuando, por el contrario, el magma consigue llegar a la superficie y salir como lava, las rocas que se forman son completamente distintas: estas son las llamadas rocas ígneas efusivas. Las más conocidas de este grupo son el basalto, la andesita y la obsidiana. Como la lava se enfría rápidamente, a menudo los minerales que componen estas rocas tienen poco tiempo para cristalizar. Los cristales que componen las rocas efusivas son de pequeñas dimensiones, a menudo invisibles a simple vista y están mezclados con una sustancia amorfa, el vidrio.
¿Y los fragmentos de magma y cenizas que son lanzados a centenares de metros de altura durante las erupciones? ¿También ellos acaban formando rocas? La respuesta es sí. Se trata de las rocas piroclásticas, como el tufo o ciertas brechas, producidas por la acumulación de los detritos que han caído al suelo y han formado con el paso del tiempo masas compactas.

**Los minerales**
**pág. 24**

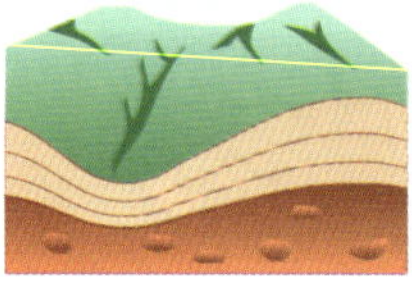

# LAS ROCAS METAMÓRFICAS

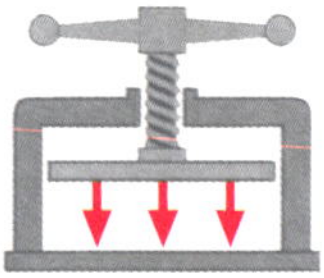

La presión
vol. 2 - pág. 52

El calor
vol. 2 - pág. 62

El ciclo de las rocas
pág. 38

¿Habéis notado alguna vez cómo cambian los alimentos cuando se cocinan? Después de un tiempo sobre el fuego las patatas se hacen más crujientes, la pasta más blanda, mientras que el pan o la pizza, metidos en el horno, se hacen más duros. También las rocas de cualquier tipo, cuando son calentadas por el magma incandescente o rotas por enormes presiones, cambian de naturaleza y se transforman. Las rocas metamórficas tienen su origen tanto en las ígneas como en las sedimentarias (o en otras rocas metamórficas) cuando la temperatura o la presión sufren grandes aumentos. Hay dos tipos principales de rocas metamórficas, las que se forman en contacto con el magma a altas temperaturas o aquellas que nacen por las intensas presiones que tienen lugar en las profundidades de la corteza: por ejemplo bajo las montañas. Seguramente conoceis el mármol. Una variedad muy famosa es la que se extrae de las canteras de Carrara, en Italia, para hacer estatuas y revestimientos de importantes edificios. Pues bien, el mármol es una roca metamórfica, resultado de la transformación de una roca sedimentaria, la caliza, al entrar en contacto con un magma incandescente. ¡Cuántas veces habréis escrito con la tiza en la pizarra del colegio! Tam-

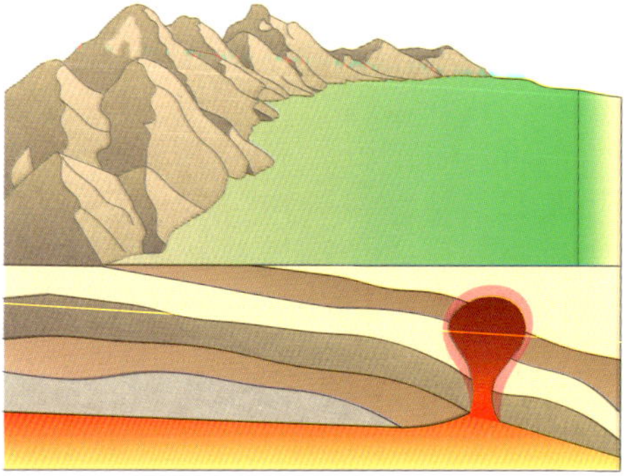

Las rocas metamórficas se forman a partir de rocas sedimentarias o ígneas en el interior de la corteza, en general entre los 10 y los 30 kilómetros de profundidad, a causa de las elevadas presiones que existen bajo las cadenas montañosas, o también a causa de las elevadas temperaturas a que se encuentran las zonas próximas a la salida de magma del manto.

Caliza

Mármol

La caliza, una roca sedimentaria, sometida a los intensos procesos de metamorfosis geológica, se transforma en mármol.

Granito

El granito, una roca ígnea, cuando se somete a las elevadas presiones y temperaturas del subsuelo, se transforma en ortogneis.

Ortogneis

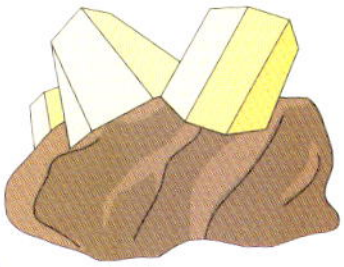

Los minerales pág. 24

bién la pizarra, hecha de pizarra negra, es una roca metamórfica. La transformación de la arcilla, una roca sedimentaria, en pizarra, no se produce a causa de las temperaturas, sino por la presión en las profundidades de la corteza. A mayor profundidad, con presiones aún más elevadas, se producen los esquistos y los gneis. En estos dos tipos de roca metamórfica la transformación ha sido tan intensa que no queda ningún resto de la roca origen.

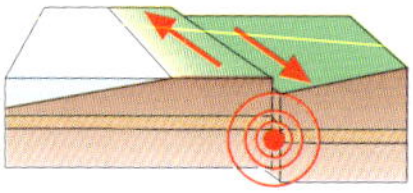

# LOS TERREMOTOS

La Tierra es un planeta en movimiento. En un día una estación sísmica registra un promedio de un centenar de terremotos, y estos son sólo los registrados por medio de los aparatos de medición. En todo el planeta se producen cerca de 3 000 terremotos al día: uno cada 30 segundos. Del millón de seísmos que cada año agita la Tierra, sólo un centenar producen daños y sólo una veintena víctimas.

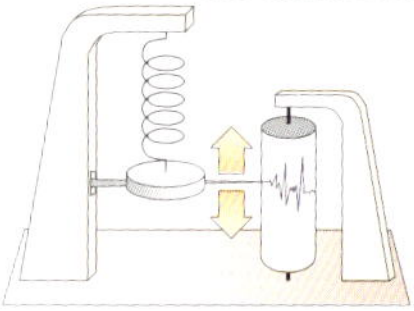

En los grados 1 y 2 de la escala Mercalli las sacudidas sólo son registradas por los sismógrafos o como mucho por personas particularmente sensibles.

En los grados 3 y 4, las sacudidas se perciben sobre todo dentro de los edificios, con crujidos y oscilaciones de lámparas.

En los grados 5 y 6 se producen los primeros daños en los edificios, en general grietas y caída de cascotes, y el seísmo es percibido por todos.

Gracias a los mapas de terremotos podemos observar que son más frecuentes en los bordes de las placas y especialmente en la zona en la que una placa acaba debajo de otra. Aquí los terremotos se originan en zonas profundas, a más de 300 kilómetros debajo de la superficie y son muy violentos. Y, por el contrario, en las zonas donde las placas se separan los terremotos son más superficiales y menos catastróficos. Las ondas sísmicas que se desencadenan de forma imprevista se liberan de la energía contenida en las masas rocosas por el esfuerzo.

Los movimientos de las placas crean enormes tensiones entre los estratos rocosos. Estas tensiones deforman las rocas

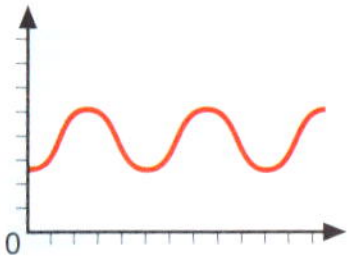


**La física de las ondas**
**vol. 4 - pág. 10**

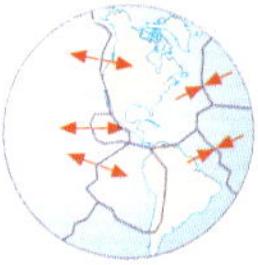

**Placas en movimiento**
**pág. 28**

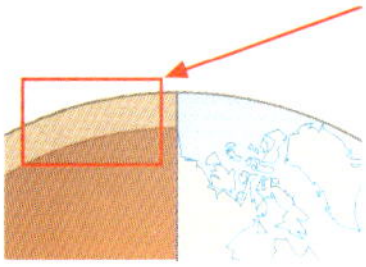

**La corteza terrestre**
**pág. 36**

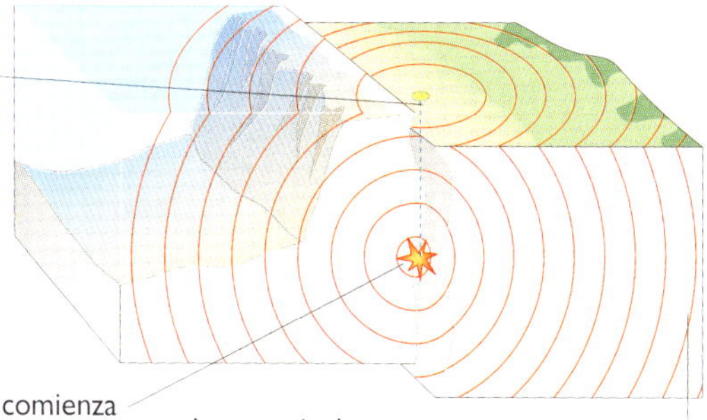

El epicentro de un terremoto es el punto de la superficie que se encuentra en la vertical del hipocentro.

El punto en el cual comienza la rotura y el desplazamiento de bloques rocosos y desde el cual se libera la energía del terremoto, se llama hipocentro.

La energía de un terremoto se propaga en todas las direcciones en forma de ondas que viajan a velocidades de varios kilómetros por segundo.

que se van cargando lentamente como muelles gigantescos. A partir de un cierto límite los muelles saltan: las rocas se mueven para encontrar un nuevo equilibrio. Pero el brusco movimiento libera la energía acumulada y surgen las ondas sísmicas. Hay dos escalas para medir los terremotos: la escala Mercalli (que evalúa la fuerza de los terremotos por los daños causados a las obras humanas) y la escala de Richter (que mide la energía liberada).

**El redescubrimiento de la Tierra vol. 24 - pág. 68**

En los grados 7 y 8 se producen lesiones graves en los edificios y pueden derrumbarse aquellos que no están construidos con cemento armado.

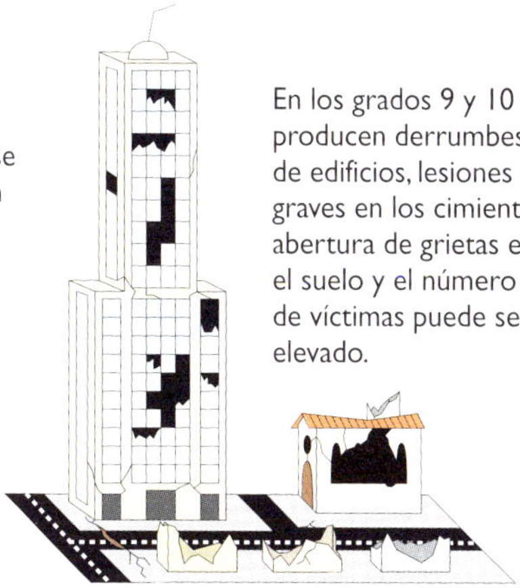

En los grados 9 y 10 se producen derrumbes de edificios, lesiones graves en los cimientos, abertura de grietas en el suelo y el número de víctimas puede ser elevado.

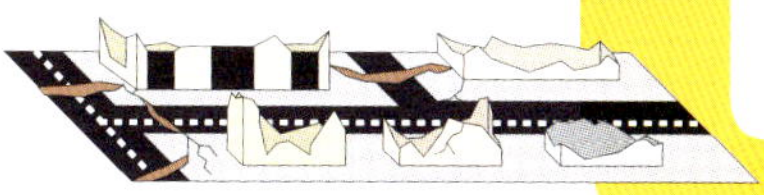

En los grados 10 y 12 las sacudidas son catastróficas: casi todos los edificios se derrumban, se abren grietas muy anchas en el suelo y el número de víctimas es muy elevado.

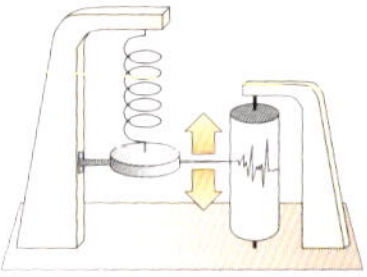

# Los terremotos y nosotros

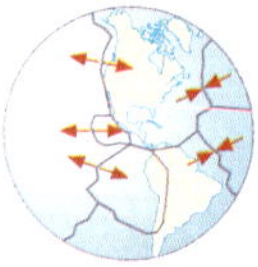

**Placas en movimiento**
**pág. 28**

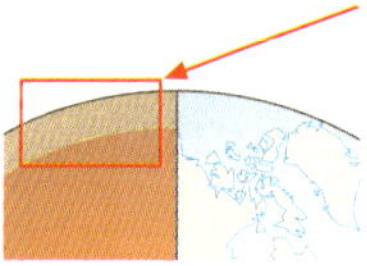

**La corteza terrestre**
**pág. 36**

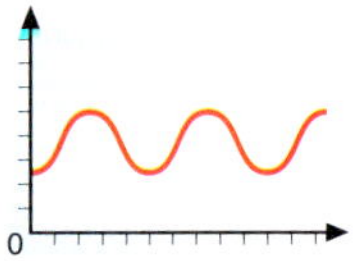


**La física de las ondas**
**vol. 4 - pág. 10**

¿Es posible prever los terremotos? Los mecanismos que desencadenan estos violentos fenómenos naturales, así como las zonas de mayor riesgo son conocidos. Sin embargo aún no es posible una previsión segura. Desde la antigüedad se ha pensado que el comportamiento de los animales y las deformaciones del suelo podrían servir de indicio. Hoy en día los sismólogos pueden medir las tensiones que se crean en las rocas más profundas. Pero, estas tensiones pueden preceder en muchos meses al desencadenamiento de un terremoto y la fecha exacta no es previsible. La única previsión acertada se llevó a cabo en China en 1975.
Incluso sin previsiones precisas, las víctimas y los daños producidos por los terremotos pueden reducirse al mínimo si se construyen los edificios según rigurosas normas antisísmicas. En California y Japón, estas normas se aplican desde

Casi el 80 % de los terremotos que se producen cada año en el mundo afectan a los bordes de las placas que se encuentran en la región del océano Pacífico. Al lado, una de las fotografías sacadas por un desconocido desde la torre del Ferry Building en San Francisco. El terrible terremoto, seguido de un incendio, devastó la ciudad el 18 de abril de 1906, dejando a 250 000 habitantes sin viviendas.

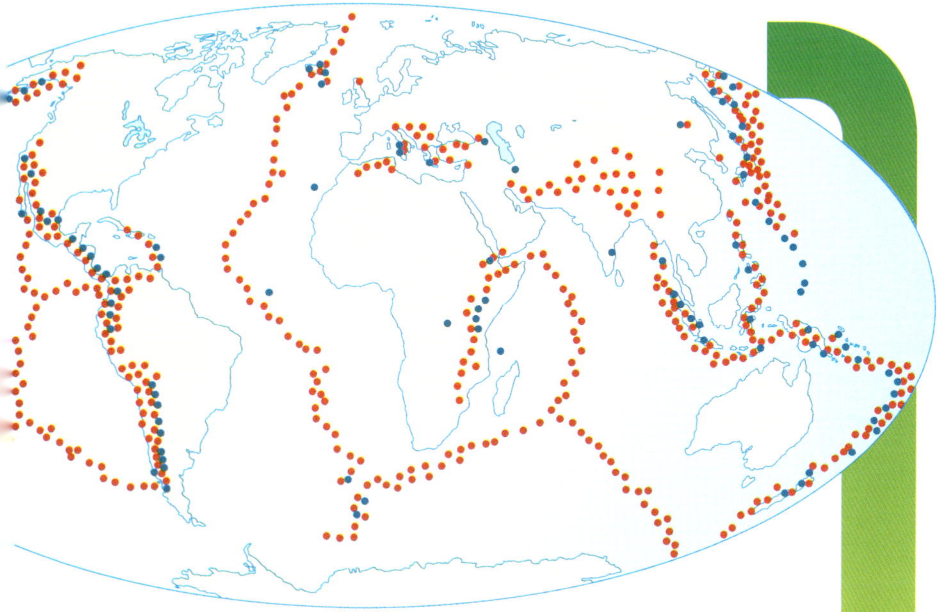

La distribución de los terremotos, señalada con los puntos azules, demuestra que los seísmos son más frecuentes en los bordes de las placas donde se crea o se destruye nueva corteza terrestre.

hace decenios, lo cual ha permitido evitar catástrofes irreparables incluso con seísmos muy violentos.

En California, por ejemplo, los edificios tienen que ser lo suficientemente sólidos como para tolerar oscilaciones de entre 10 y 15 centímetros, mientras para las estructuras más altas se utilizan técnicas particulares. Los cimientos de los rascacielos de San Francisco y de Los Ángeles, por ejemplo, se construyen sobre vigas de acero que se apoyan sobre estructuras llamadas carritos, capaces de desplazarse y por lo tanto absorber las ondas sísmicas. Gracias a estas técnicas, violentos terremotos como el de San Francisco en 1989 y el de Los Ángeles de 1992 han provocado sólo daños leves y muy pocas víctimas. Seísmos de la misma intensidad, que han afectado a zonas a menos preparadas, como el de Hirpinia en Italia en 1980, han provocado miles de víctimas y daños incalculables.

# ÍNDICE ANALÍTICO

Los números en cursiva se refieren a la página en la que el argumento se trata de modo específico.